NHK
园艺指南

图解猕猴桃整形修剪与栽培月历

[日]三轮正幸　著

张文慧　译

机械工业出版社
CHINA MACHINE PRESS

12 个月
栽培月历
Kiwifruit

M.Miwa

本书的使用方法·······························4

猕猴桃栽培的基础知识　　　　5

猕猴桃是什么样的植物 ·············· 6

猕猴桃的生长发育特点和栽培注意事项 ····· 7

品种的选择要点 ····················· 8

　　专栏 注意雄株的长势 ·············· 8

苗木的选择要点 ····················· 10

目 录

Contents

品种图鉴——主要品种的特性 ········ 11

　　专栏 猕猴桃的故乡 ·············· 16

　　专栏 什么样的雌株品种不需要雄株 ····· 17

盆栽································· 22

庭栽 ····························· 24

　　专栏 调整土壤的酸度 ·············· 24

栽培方式 ··························· 26

12 个月栽培月历　　　　　27

猕猴桃全年栽培工作、管理月历············ 28

1月 栽种 / 移栽 / 修剪 / 嫁接 ············ 30

　　　　　专栏 嫁接法让雌株无须雄株便可收获多个品种 ············ 32
　　　　　专栏 驱除越冬病虫害 ······································· 33
2月 栽种 / 修剪 / 嫁接 / 移栽 ································· 36
3月 栽种 / 移栽 / 播种 / 扦插（休眠枝扦插）·········· 38
　　　　　专栏 要注意萌芽后的新梢 ······························· 39
4月 引蔓 ··· 42
5月 引蔓 / 人工授粉 / 疏蕾································· 44
　　　　　专栏 适合人工授粉的花朵状态 ······················ 46
　　　　　专栏 雌花和雄花的花期错开时该怎么办 ·········· 47
6月 引蔓 / 疏果 / 套袋 / 摘心 / 去除徒长枝 / 扭枝 /
　　　环状剥皮 / 扦插（绿枝扦插）···················· 48
7月 引蔓 / 摘心 / 去除徒长枝 / 扭枝 / 环状剥皮 /
　　　扦插 / 防台风 ······································· 56
8月 引蔓 / 摘心 / 去除徒长枝 / 防台风 ·············· 58
　　　　　专栏 烧叶、日灼果 ······································· 59
9月 引蔓 / 摘心 / 去除徒长枝 / 防台风 ·············· 60
　　　　　专栏 新梢的标准密度 ··································· 61
10月 采收 / 贮藏 / 催熟 / 种子的采集和保存 ·········· 62
11月 采收 / 贮藏 / 催熟 / 栽种 / 移栽 ················· 64
　　　　　专栏 从采收到食用的流程 ···························· 65
　　　　　专栏 果实很多时的催熟方法 ························· 69
12月 栽种 / 移栽 / 防寒 / 修剪 ······················· 70
　　　　　专栏 修剪适期 ·· 71
　　　　　专栏 棚架上的标准枝条数量 ························· 75
　　　　　专栏 如何修剪放任生长的植株 ······················ 84

为了更好地培育

病虫害的防治方法 ································· 86
病害 ··· 88
虫害 ··· 90
其他障碍 ·· 91
放置位置 ·· 92
浇水 ··· 93
施肥 ··· 94

本书的使用方法

导读员

我是"12个月栽培月历"的导读员,将把书中每种植物在每个月的栽培方法介绍给大家。面对这么多种植物,能否做好介绍,着实有些紧张啊!

本书以月历(1~12月)的形式,对猕猴桃栽培过程中每个月的工作和管理做了详尽的说明。另外,还对其主要品种和病虫害防治方法做了详细介绍。

※ 在"猕猴桃栽培的基础知识"(第5~26页)部分,对猕猴桃的生长发育特点、栽培方面的注意事项、品种和苗木的选择要点、栽培方式等做了

详细介绍。

※ 在"12个月栽培月历"(第27~85页)部分,介绍了猕猴桃栽培过程中每月主要的工作与管理。按照初学者必须进行的"基本的农事工作"和中、高级者有意挑战的"尝试工作"两个层次加以说明,主要的操作步骤在对应的月份加以揭示。而 无农药 则介绍了无农药、少农药栽培的技巧。

当月的管理工作列表

当月的栽培工作列表

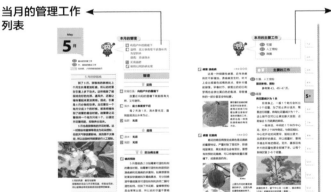

基本
基本的农事工作

挑战
中、高级的尝试工作

无农药
无农药、少农药栽培的技巧

※ 在"为了更好地培育"(第86~95页)部分,介绍了主要病虫害的防治措施,以及植株放置位置、浇水和施肥等养护工作。

● 本书以日本关东以西地区为基准(译注:气候类似我国长江流域),因地域、气候的不同,猕猴桃的生长发育状态、开花期、工作适期等也会有所差异。另外,书中所述的浇水和肥料的使用等只是一个参考,请根据植物的生长发育状态,适当进行调整。

● 在日本,对于已登记的品种,禁止以转让、贩卖为目的进行无限制的繁殖。另外,有些品种即使是自用的,也禁止转让和过度繁育,必须与种苗公司签订合同。在进行压条等营养繁殖时,也要事前进行确认。

猕猴桃栽培的
基础知识

在开始栽培猕猴桃之前，
先了解一下猕猴桃的基础知识。

庭院栽培猕猴桃的实例

Kiwifruit

猕猴桃是什么样的植物

分类：猕猴桃科猕猴桃属
形态：落叶蔓性
学名：*Actinidia chinensis*（黄、红肉系品种）
　　　Actinidia deliciosa（绿肉系品种）

什么是猕猴桃

　　猕猴桃起源于中国长江流域。在日本栽培的历史尚短，到了 20 世纪 70 年代，日本才开始正式栽培猕猴桃。除北海道和冲绳等部分地区外，日本全国范围内均可栽培该植物，其抗病虫害的能力较强，如果能做好捡拾落叶和修剪枝叶的工作，也可实现无农药栽培。猕猴桃的植株有雌雄之分，将两种苗木就近种植，并进行人工授粉，有助于植株坐果。

生长周期

　　因为猕猴桃树枝是以藤蔓的形式伸长的，所以栽种时要装好支架等来支撑其枝条的生长，并用绳子等引蔓。

　　猕猴桃在春季生长枝叶，5 月前后开花；夏季果实膨大；秋季迎来丰收。刚采收的果实果肉硬实、酸涩，因此口感并不太好，所以建议用苹果等催熟果实后再食用。到了冬季，所有的叶片都会凋零，树上只剩下树枝。

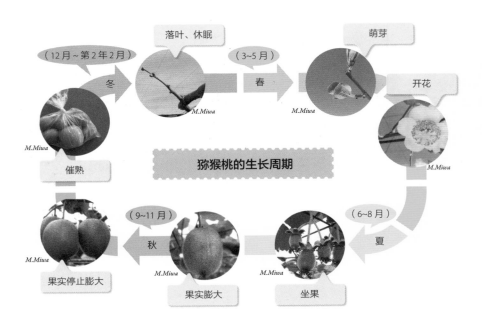

（12月~第2年2月）　落叶、休眠　（3~5月）　萌芽

冬　春　开花

催熟

猕猴桃的生长周期

（9~11月）　（6~8月）

果实停止膨大　秋　果实膨大　坐果　夏

猕猴桃的生长发育特点和栽培注意事项

生长发育特点

栽培注意事项

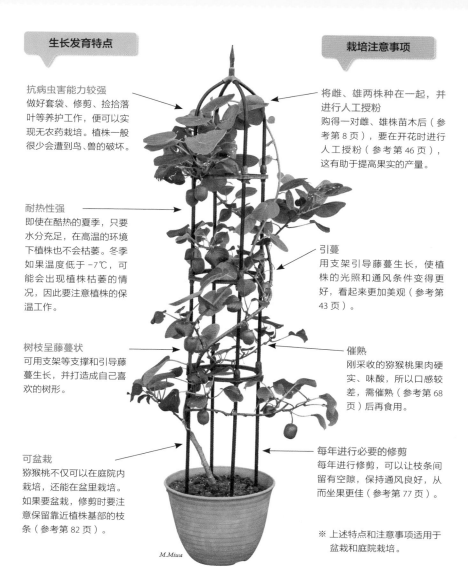

抗病虫害能力较强
做好套袋、修剪、捡拾落叶等养护工作，便可以实现无农药栽培。植株一般很少会遭到鸟、兽的破坏。

耐热性强
即使在酷热的夏季，只要水分充足，在高温的环境下植株也不会枯萎。冬季如果温度低于 −7℃，可能会出现植株枯萎的情况，因此要注意植株的保温工作。

树枝呈藤蔓状
可用支架等支撑和引导藤蔓生长，并打造成自己喜欢的树形。

可盆栽
猕猴桃不仅可以在庭院内栽培，还能在盆里栽培。如果要盆栽，修剪时要注意保留靠近植株基部的枝条（参考第 82 页）。

将雌、雄两株种在一起，并进行人工授粉
购得一对雌、雄株苗木后（参考第 8 页），要在开花时进行人工授粉（参考第 46 页），这有助于提高果实的产量。

引蔓
用支架引导藤蔓生长，使植株的光照和通风条件变得更好，看起来更加美观（参考第 43 页）。

催熟
刚采收的猕猴桃果肉硬实、味酸，所以口感较差，需催熟（参考第 68 页）后再食用。

每年进行必要的修剪
每年进行修剪，可以让枝条间留有空隙，保持通风良好，从而坐果更佳（参考第 77 页）。

※ 上述特点和注意事项适用于盆栽和庭院栽培。

M.Miwa

7

品种的选择要点

1
既要有雌株又要有雄株

　　雌株开出雌花，雄株开出雄花。因为猕猴桃只有雌株才会结出果实，所以建议读者先参考第 11~15 页的内容，选出合适的雌株品种。雄株虽然不能收获果实，但要想雌株坐果，就必须要有雄株。如果雌株附近刚好种有雄株，有时也可以让雌株坐果，但因为具有不稳定性，所以最好购买雄株并在雌株附近种植。雄株的品种可根据所选雌株的果肉颜色进行挑选（参考第 17 页）。

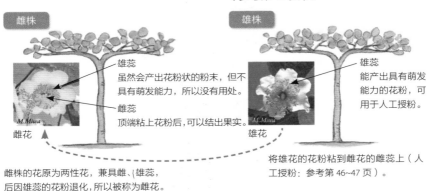

雌株

雄蕊
虽然会产出花粉状的粉末，但不具有萌发能力，所以没有用处。

雌蕊
顶端粘上花粉后，可以结出果实。

雌花

雌株的花原为两性花，兼具雌、雄蕊，后因雄蕊的花粉退化，所以被称为雌花。

雄株

雄蕊
能产出具有萌发能力的花粉，可用于人工授粉。

雄花

将雄花的花粉粘到雌花的雌蕊上（人工授粉：参考第 46~47 页）。

注意雄株的长势

专栏

　　因为雄株不坐果，所以和雌株相比，树的长势往往会更好。如果在同一个盆里种上雌株和雄株，雌株往往会被雄株抢走营养，导致雌株长势不好，所以一定要把雌、雄两株种在不同的盆里。如果种在庭院内，两株也要稍微保持一点距离，并且平时注意做好引蔓和修剪工作，以免雄株的藤蔓干扰雌株的枝条生长（参考第 43、73 页）。

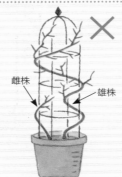

雌株

雄株

如果把雌株和雄株一起种在同一个盆里，几年后不坐果的雄株长得更好，雌株的果实产量反而会减少。

2
果肉有红色、黄色、绿色3种颜色，需认准特点加以选择

狝猴桃的果肉跟红绿灯一样，有红色、黄色、绿色3种颜色。在理解不同颜色的狝猴桃的基础特性后，我们就能更容易地挑选出想要的品种。红肉系品种和黄肉系品种的果肉较甜，

采收期早，但果实不耐贮藏，并且需要种植开花期早的雄株。绿肉系品种的狝猴桃往往耐贮藏，但是因为采收期晚，所以在降霜早、寒冷的地区需要做好防寒措施。不同的品种可谓各有特点，从中选择好雌株品种，就可根据其果肉颜色挑选合适的雄株品种（参考第17页）。

果肉的颜色和特性

项目	红肉系品种	黄肉系品种	绿肉系品种
果肉颜色	中心为红色，其余部分可以为黄色	黄色	绿色
代表品种	红妃、红阳等	庐山香、魁蜜等	海沃德、香绿等
开花、成熟期	很早	早	普通
贮藏时间	约1个月①	1~3个月①	2~6个月①
催熟时间	约6天①	6~9天①	8~12天①
甜度、酸度	甜度高、酸度低	甜度高、酸度低	甜度、酸度普通
果实和枝叶上的茸毛	柔、短、少（无）	柔、短、少（无）	硬、长、多
新梢	多而短	多而短	少而长
倍性（染色体数）	主要为二倍体（58条）	主要为四倍体（116条）	主要为六倍体（174条）

注：上述特性只是一种参考，可能有个别品种并不适用。
① 贮藏和催熟时间受采收期影响，上述为假定采收期较晚。

苗木的选择要点

苗木的购买时期

11 月~第 2 年 3 月是栽种猕猴桃苗木的适期，因此也是购买苗木的适期。如果在 4~10 月购买苗木，则要在 11 月前先将苗木种在盆中培育，11 月~第 2 年 3 月再进行移栽。

苗木的种类

市面上的猕猴桃苗木大多都是 1~2 年生的。因为这类苗木呈独棒状，看起来很显眼，所以也被称为棒苗，它们既可以栽种到盆里，也可以栽种到庭院内，品种十分丰富。除了钵苗以外，还有根部被人工脱土的脱土苗，以及被水苔和麻布等缠绕、包裹的苗木出售。7~11 月，结果的苗（果苗）会上市。果苗基本上是盆栽专用苗。

什么样的苗木算好苗？

好苗需要具备注明品种名称的标签、无病虫滋生、枝条粗壮饱满等条件。

保留品种信息

近年来，有很多植株因为不知道其亲本是什么，而无法知道植株的品种。如果因为标签丢失等原因，而不确定植株的品种名称，就很难从该植株的枝叶和果实状态来判断其长势，所以建议栽培苗木时，要保管好标签，也可将包含品种信息的标签交由家人保管。

左：棒苗，右：果苗。

脱土苗在运输过程中，根部可能会变干燥，最好在水中浸泡约 1 小时后再栽种。

选用标签上注明品种名称的苗木。建议与家人共享品种信息。

品种图鉴
——主要品种的特性

新 新品种：2000 年后开始上市的品种。

注 关注：笔者关注的品种。

　　有许多红肉系品种是从国外引入日本的，而日本国内也在不断地培育这类品种。算上未登记的品种，可供家庭种植的雌株品种就达 20 多个。其中有很多品种来历不明，民间从业者还有将同一品种以不同名字进行销售的情况，也有"品种 A 和品种 B 经过 DNA 分析后，发现是同一品种"的情况。下面，就介绍一些日常可以买到的品种，其中包括一些来历尚不明确的品种。

雌株
红肉系品种
学名：*Actinidia chinensis*

　　果肉为红色的品种群。本书将果肉的底色为黄色，仅中心部分呈红色的品种归类为红肉系品种。该品种除了颜色外，其他性质与黄肉系品种相似。该类品种中，可家庭种植的品种较少。

红妃　　　　　　　　　　　**注**

采收期：10月　　　　　果重：约80克
贮藏时间：约1个月　　催熟时间：约6天
果实的口感：优　　　　苗木入手难度：非常容易

　　在园艺店等地就能买到苗木，是可家庭种植的红肉系品种，虽然果实小，但果肉酸味少，口感特别甜，所以是十分受欢迎的品种。因为开花期早，所以要选择好雄株，以便配合授粉。该品种的果实很容易坏掉，所以要尽快食用。新梢数量多，长度短，容易削弱植株的长势，因此要做好修剪工作。另外，该品种容易得溃疡病。

M.Miwa

红阳　　　　　　　　　　　**注**

采收期：10月　　　　　果重：约90克
贮藏时间：约1个月　　催熟时间：约6天
果实的口感：优　　　　苗木入手难度：一般

　　近年来，种植该品种的生产者急剧增多，是大受欢迎的红肉系品种，果肉甜爽酸少。果实约从 10 月中旬开始在树上软化，采收后有的无须催熟。栽培时，要做好全面的预防溃疡病和枝条修剪工作。果实的形状、口感、叶形等基本与红妃相似，但本书还是将其归为独立的品种。

M.Miwa

雌株

黄肉系品种

学名：*Actinidia chinensis*

果肉为黄色的品种群。其特征是果实和枝叶的茸毛少，新梢数量多。大多数品种甜味强、酸味少。除了从中国引进外，近年来，日本对该品种群猕猴桃的培育数量也在不断增加。

M.Miwa

庐山香

采收期：10月中旬~11月上旬　　　果重：约120克
贮藏时间：约1个月　　催熟时间：约8天
果实的口感：一般　　苗木入手难度：非常容易

　　该品种一般从中国引入日本，市面上的各种黄肉系品种常被误认为此品种。虽然因果实难以保存，很少在市面上销售，但在家中栽培，就可以立即食用，因此，是适合家庭种植的品种。果肉口感清爽，催熟时间短，所以注意不要过度催熟。它对溃疡病的抵抗力稍弱，需做好全面的新梢修剪工作。

M.Miwa

魁蜜（苹果猕猴桃）

采收期：10月中旬~11月上旬　　　果重：约140克
贮藏时间：约1个月　　催熟时间：约6天
果实的口感：一般　　苗木入手难度：容易

　　因果实形状似苹果，所以在日本也被称为苹果猕猴桃。日本一般从中国引入该品种，中文名叫魁蜜。若做好疏果便能结出大果，因此在改良品种时，多被用作植株杂交的亲本。果实容易受损，贮藏时间和催熟时间短，这点需要多加注意。新梢长度短，树的长势较弱，所以要做好修剪工作。

M.Miwa

东京金果　新　注

采收期：10月中旬~11月上旬　　　果重：约100克
贮藏时间：约1个月　　催熟时间：约6天
果实的口感：良　　苗木入手难度：一般

　　这是2013年登记的新品种，果实的尾部尖尖的，像眼泪一样，形状独特，且茸毛较少。口味偏甜，果汁多，口感良好。对溃疡病的抵抗力较强，只要做好新梢的修剪，便能在家里轻松培育。品种名中虽然有东京二字，却也能在东京以外的地方进行栽培，近年来，该品种苗木在市面上的流通量也在渐渐增加。

奶油三鹰 新

采收期：10月中旬~11月上旬　　　果重：约100克
贮藏时间：约1个月　　催熟时间：约7天
果实的口感：一般　　苗木入手难度：难

　　东京三鹰市培育的黄肉系品种，在日本各地都可以栽培。酸味少，口感清淡，果肉柔滑。但是该品种苗木的产量不多，所以较难购买，信息不详。

M.Miwa

黄色愉悦

采收期：10月中旬~11月上旬　　　果重：约90克
贮藏时间：约1个月　　催熟时间：约6天
果实的口感：一般　　苗木入手难度：难

　　果实几乎无茸毛，并带有独特的香味。催熟的果肉通透、多汁。虽然有人建议在树上直接催熟，但为了避免坐果量少、果实品质不佳等情况，最好还是用苹果等来催熟。

M.Miwa

金丰

采收期：10月中旬~11月上旬　　　果重：约90克
贮藏时间：约2个月　　催熟时间：约10天
果实的口感：一般　　苗木入手难度：容易

　　从中国引入，中文名叫金丰。含糖量适中，酸味强，口感清淡。推荐给不喜欢红肉系品种那样甜味浓厚的人。该品种的贮藏时间相对长一些，催熟时间稍长。口感、贮藏性、催熟性与其他黄肉系品种不同，是一个独特的品种。

M.Miwa

大黄果

采收期：10月中旬~11月上旬　　　果重：约140克
贮藏时间：约1个月　　催熟时间：约8天
果实的口感：一般　　苗木入手难度：容易

　　能结出大果的黄肉系品种，虽然市面上有很多人宣传果重可达 250 克，但能长到如此大的情况其实非常少见。果肉为深黄色，酸味适中。虽然在园艺店和网店等渠道上广泛流通，但信息不详。

M.Miwa

雌株

绿肉系品种

学名：*Actinidia deliciosa*

果肉为绿色的品种群。其特点是果实和枝叶的茸毛多，新梢容易生长。许多绿肉系品种兼具适中的甜味和爽口的酸味。果实个大且易于贮藏的海沃德在绿肉系品种中，一直独领风骚。

M.Miwa

海沃德

采收期：11月	果重：约110克
贮藏时间：3~6个月	催熟时间：约12天
果实的口感：一般	苗木入手难度：非常容易

由新西兰人海沃德·赖特培育，在全球广泛种植的代表性品种。20 世纪 70 年代正式引入日本。由于果实个大，具有最长可贮藏 6 个月左右的优点，即使在引入日本 50 多年后的今天，仍在日本占有 85% 的市场份额（参考第 19 页），稳坐产量第一的宝座。本书中记载的栽培方法是以该品种为基准编写的，即使是初学者也容易培育，是推荐在家中种植的品种。因为该品种易发生花腐病（参考第 45 页），所以栽培者需在开花期多加注意，做好花腐病的防治工作。

M.Miwa

香绿

采收期：10月下旬~11月中旬	果重：约120克
贮藏时间：2~4个月	催熟时间：约7天
果实的口感：良	苗木入手难度：容易

果肉为深绿色，形状独特的品种。尽管是 1987 年就已登记的老品种，但其含糖量高、多汁，在绿肉系品种中的口感算是顶级的。容易购得苗木，是绿肉系品种中仅次于海沃德的有力候选品种。在栽培方面，因为新梢特别容易生长过长，所以需要做好引蔓、摘心、去除徒长枝的工作。春、秋季需要修剪好新梢，以便让植株光照充足，保持良好的通风，防止果实发生软腐病（参考第 63 页）。

埃尔姆伍德

采收期：10月下旬~11月中旬　　果重：约130克
贮藏时间：约2个月　　催熟时间：约7天
果实的口感：一般　　苗木入手难度：难

　　与海沃德同一时期引入日本的品种。由于果实个大，采收时间早，所以受到业内人士的关注，但其口感清淡，不易贮藏。尽管和本页列举的所有品种都有相似之处，但因评价不如海沃德，所以现在栽培这一品种比较少，因此也很难买到其苗木。

M.Miwa

布鲁诺

采收期：11月　　果重：约110克
贮藏时间：约3个月　　催熟时间：约9天
果实的口感：一般　　苗木入手难度：难

　　由新西兰人布鲁诺·贾斯特培育出来的品种，20世纪70年代引入日本。其特征是果实细长，茸毛密密麻麻。果实甜味较少，偏酸。在传统的猕猴桃产区，至今仍有该品种种植。

M.Miwa

艾博特

采收期：11月　　果重：约110克
贮藏时间：约3个月　　催熟时间：约12天
果实的口感：良　　苗木入手难度：难

　　由新西兰人海沃德或布鲁诺培育而成（具体情况不详），20世纪70年代引入日本。果实扁平、稍小，但在绿肉系品种中甜味较强，酸味较少。近年来，无论是果实还是苗木，都较少在市面上流通。

M.Miwa

蒙蒂

采收期：11月　　果重：约100克
贮藏时间：约3个月　　催熟时间：约9天
果实的口感：一般　　苗木入手难度：难

　　来源不明，但可知是在新西兰培育的品种，与本页列举的其他品种几乎同一时期引入日本。果实扁平，比海沃德会更棱角分明一些，茸毛密密麻麻。

M.Miwa

贮藏、催熟时间根据采收期早晚而有区别。　　15

猕猴桃的同类

下面介绍与猕猴桃同为猕猴桃科猕猴桃属的植物。尽管它们与猕猴桃是不同的种类，却可以和猕猴桃进行杂交，培育出下一代。

M.Miwa

葛枣猕猴桃
学名：*Actinidia polygama*

采收期：9~10月　　　　果重：约10克
贮藏时间：约1个月　　苗木入手难度：一般

在日本、朝鲜半岛等地自然生长的植物，因为果实里面常有由苍蝇、蚜虫寄生而成的虫瘤，所以果实通常不能食用。可制成木天蓼子以作中药。因其能让猫食用后变成醉酒状态而闻名，这主要源于其中的木天蓼内酯成分。可用猕猴桃的雄花进行人工授粉。

M.Miwa

M.Miwa

软枣猕猴桃
学名：*Actinidia arguta*

采收期：9月中旬~11月中旬　　果重：约10克
贮藏时间：约1个月　　催熟时间：约7天
果实的口感和苗木入手难度：因品种而异

自然生长于日本和朝鲜半岛等地，在日本叫猿梨。虽然果实很小，但是味道很甜，可连皮一同食用。能用猕猴桃的雄花进行人工授粉。从日本出口的猿梨在美国、新西兰等国经过品种改良后，以奇异莓和迷你猕猴桃的名义再次出口到日本。

专栏

猕猴桃的故乡

据推测，猕猴桃的原产地是中国长江流域的山区，并且似乎从公元前就已开始种植。1906年被带到新西兰后，品种被逐渐改良，引起了人们的关注，到了1937年，人们才开始正式种植猕猴桃。猕猴桃于20世纪60年代引入日本。20世纪70年代后半期，日本开始正式开展猕猴桃的经济性栽培。像苹果、桃等，很多果树都是在明治维新后才正式引入日本的，而其中猕猴桃引入日本至今也不过半个多世纪，栽培历史相对较短。

M.Miwa

果实的形状和大小多种多样。流通于日本市面上的品种多为从中国和新西兰引入的苗木。

雄株品种

雄花盛开的雄株品种群。没有雌蕊，也没有果实。和雌株一样，雄株也有红、黄、绿肉系品种之分，因此可以选择与培育的雌株品种相适应的雄株品种。

确定好培育的雌株品种后，接下来就要选择雄株的品种了。挑选时可参考下表，根据雌株果肉的颜色来确定雄株。如果您正在培育红色、黄色、绿色等多种果肉颜色的雌株品种，但又没有足够的空间种植多株雄株，则可以选择开花期较早的红肉系品种的雄株（如早雄等），并根据需要冷冻保存花粉（参考第 47 页）。

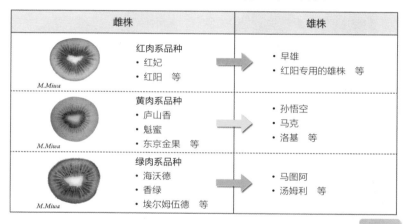

雌株		雄株
M.Miwa	红肉系品种 · 红妃 · 红阳　等	· 早雄 · 红阳专用的雄株　等
M.Miwa	黄肉系品种 · 庐山香 · 魁蜜 · 东京金果　等	· 孙悟空 · 马克 · 洛基　等
M.Miwa	绿肉系品种 · 海沃德 · 香绿 · 埃尔姆伍德　等	· 马图阿 · 汤姆利　等

专栏

什么样的雌株品种不需要雄株

　　家庭可以买到的雌株中，有的品种的标签上会标注"无须雄株（无须授粉树）"。这类雌株品种的雌花上的雄蕊能产出正常的花粉，可以在同花的雌蕊和雄蕊之间授粉，所以这类雌株不需要雄株。

　　笔者曾试过栽培其中的部分品种，在植株开花前套上袋子，以阻止来自外部的授粉。在调查后发现，此类品种的坐果率和花粉的发芽率都比较低，并且无法确认这些花粉的正常程度。虽然不能一概而论，但笔者个人认为，如果家庭栽培猕猴桃，最好还是雌、雄两株搭配种植。

一般来说，雌花的花粉已经退化

M.Miwa

在被认为无须雄株的雌株品种中，笔者调查发现，有好几朵雌花的雄蕊中并没有产出正常的花粉。但也有最新的研究实例培育出了具有正常花粉的雌株个体。

日本各地限定栽培的品牌猕猴桃

虽然日本也在进行猕猴桃的品种改良，但像本页列举的品种一样，个别品种仅限于在某地进行栽培。因此，有一些苗木会很难买到。不过这类品种的果实可通过订购的方式获得，如果有机会可以试着品尝这些美味。

赞岐金果
仅限香川县
猕猴桃中果实最大的品种（重约 170 克），拥有柔滑的口感。

赞绿
仅限香川县
兼具浓烈的甜味和恰到好处的酸味，重约 100 克。

赞岐天使之甜
仅限香川县
种子周围微红，重约 100 克。

香粹
仅限香川县
猕猴桃的雄株与软枣猕猴桃杂交后培育出来的品种，口感良好，重约 30 克。

赞岐
仅限香川县
猕猴桃的雄株与岛猿梨杂交后培育出来的 5 个品种的总称，重约 50 克。

甜果
仅限福冈县
大果（重约 140 克），甜多酸少。

静冈金
仅限静冈县
甜味强，耐贮藏，重约 90 克。

日本猕猴桃种植情况及品种占比

参考: 2019年果树收成调查（日本农林水产省）、特产果树生产动态等调查（日本农林水产省）

● 各地生产量 TOP12（2019 年）

日本全国　25300吨

山梨县 第 6 名 825 吨
• 海沃德----------66 公顷
• 红阳--------------3 公顷

香川县 第 11 名 533 吨
• 香绿------------29 公顷
• 海沃德----------14 公顷
• 赞岐金果--------12 公顷
• 赞岐猕猴桃------8 公顷

爱媛县 第 1 名 6000 吨
• 海沃德----------330 公顷
• 佳沛金果--------36 公顷
• 阳光金果--------14 公顷

福冈县 第 2 名 5230 吨
• 海沃德----------204 公顷
• 甜果------------15 公顷
• 红阳------------7 公顷

群马县 第 7 名 824 吨
• 海沃德----------66 公顷
• 魁蜜--------------1 公顷

栃木县 第 8 名 785 吨
• 海沃德----------14 公顷

千叶县 第 12 名 386 吨
• 海沃德----------22 公顷

神奈川县 第 4 名 1480 吨
• 海沃德----------12 公顷

静冈县 第 5 名 949 吨
• 海沃德----------31 公顷
• 红阳------------5 公顷
• 东京金果--------4 公顷

佐贺县 第 9 名 699 吨
• 海沃德----------26 公顷
• 佳沛金果--------11 公顷
• 庐山香----------2 公顷

大分县 第 10 名 593 吨
• 海沃德----------31 公顷
• 佳沛金果--------2 公顷

和歌山县 第 3 名 3040 吨
• 海沃德----------165 公顷

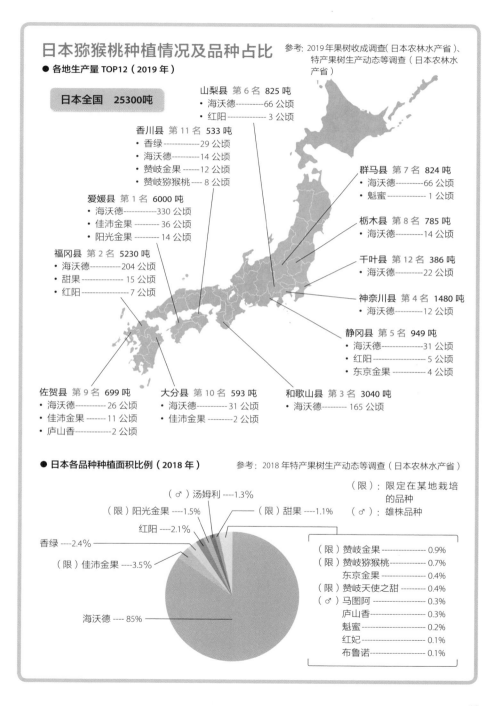

● 日本各品种种植面积比例（2018 年）

参考: 2018 年特产果树生产动态等调查（日本农林水产省）

（限）：限定在某地栽培的品种
（♂）：雄株品种

（♂）汤姆利----1.3%
（限）阳光金果----1.5%
（限）甜果----1.1%
红阳----2.1%
香绿----2.4%
（限）佳沛金果----3.5%
海沃德----85%

（限）赞岐金果------------0.9%
（限）赞岐猕猴桃----------0.7%
东京金果------------------0.4%
（限）赞岐天使之甜--------0.4%
（♂）马图阿----------------0.3%
庐山香--------------------0.3%
魁蜜----------------------0.2%
红妃----------------------0.1%
布鲁诺--------------------0.1%

进口猕猴桃

本页介绍了一些进口猕猴桃品种。其中就有常见的佳沛猕猴桃，它是新西兰栽培的海沃德（参考第 14 页）的进口产品。除此之外，下述几种猕猴桃也常出现在日本家庭的餐桌上。

佳沛金果
（Hort16A）
进口地：新西兰
这是佳沛公司在新西兰培育的品种，是口味香甜的黄肉系品种的先驱。在日本，与佳沛公司签订合同的爱媛县和佐贺县的农场（参考第 19 页）可以种植该品种，日本产的这一品种的猕猴桃也在市面上流通。目前，新西兰正逐渐转向种植佳沛阳光金果，所以近来日本产的该品种比例有所提高。

佳沛阳光金果（ZESY002）
进口地：新西兰
佳沛阳光金果在 4~10 月进口并上市。与佳沛金果一样，目前该品种的猕猴桃在爱媛县等地的农场（参考第 19 页）种植的产量在不断增加。

佳沛红果
进口地：新西兰
红色在果肉内的分布范围较大，因此给人的视觉冲击感和甜味也比一般的猕猴桃更为出众。该稀有品种仅在 4~5 月流通上市，是笔者个人强力推荐的品种。

蜜金果
进口地：美国
从加利福尼亚进口的猕猴桃，其果肉为黄色，信息不详。果实扁平，甜味强，酸味少。

金桃
进口地：智利
其特点是多汁、口感清爽。果肉呈黄色，几乎无茸毛，易食用。信息不详。

猕猴桃产量的世界排名和日本自给率

● **猕猴桃产量的世界排名（2019 年）**　　　　参考：2019 年联合国粮食及农业组织（FAO）统计

下表是联合国粮食及农业组织公布的猕猴桃产量的汇总表。产量排在世界第 1 位的是猕猴桃的原产地中国，至今仍是市场份额超过 50% 的猕猴桃主产国。其次就是新西兰和意大利，日本排在第 12 位。

排名	国名	产量 / 吨	占有率（%）
第 1 位	中国	2196727[1]	50.5
第 2 位	新西兰	558191[1]	12.8
第 3 位	意大利	524490[2]	12.1
第 4 位	伊朗	344189[1]	7.9
第 5 位	希腊	285860[2]	6.6
第 6 位	智利	177206[1]	4.1
第 7 位	土耳其	63798[2]	1.5
第 8 位	法国	55830[2]	1.3
第 9 位	美国	46720[1]	1.1
第 10 位	葡萄牙	32360[1]	0.7
第 11 位	西班牙	24510[2]	0.6
第 12 位	日本	23286[1]	0.5
	其他	14844[1]	0.3
共计		4348011	100

[1] FAO 修正了部分官方数据。
[2] 官方数据。

● **日本产猕猴桃与进口猕猴桃产量占比（2019 年）**　　参考：2019 年贸易统计（日本财务省）
　　　　　　　　　　　　　　　　　　　　　　　　　　　2019 年果树收成调查（日本农林水产省）

下图汇总了关于猕猴桃产量的多项统计数据。根据图示结果，猕猴桃果实在日本的自给率为 18%，其供应大部分依靠进口。其中最大的进口地是新西兰，其余有少量从美国、智利等国进口。为了稳定供应，日本还需要进一步地扩大国内生产。

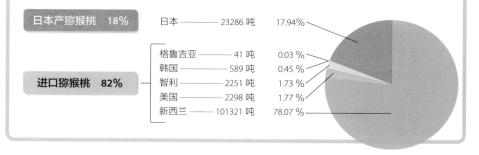

日本产猕猴桃　18%	日本 ——— 23286 吨　17.94%
	格鲁吉亚 ——— 41 吨　0.03%
	韩国 ——— 589 吨　0.45%
进口猕猴桃　82%	智利 ——— 2251 吨　1.73%
	美国 ——— 2298 吨　1.77%
	新西兰 ——— 101321 吨　78.07%

盆栽

| 适期：11 月下旬 ~ 第 2 年 3 月上旬

盆栽栽种的适期是在落叶前的 11 月下旬到第 2 年萌芽前的 3 月上旬。在根和枝条的生长停止期栽种，可以降低植株因种植而损伤的风险。栽种时的必备物品如下。

花盆

虽然市面上有无釉盆等各种材质的花盆，但还是建议使用便宜轻便的塑料花盆。在家里宜用尺寸为 8~15 号（直径为 24~45 厘米），并且直径和高度相同的普通花盆。

培养土

比起庭院土和大田土，市面上出售的培养土更适合种植猕猴桃。其中，最好选用果树、花木专用的培养土。如果买不到，将"蔬菜用土"和"鹿沼土（小粒）"以 7：3 的比例混合，也能调配成果树培养土。

←花盆

←培养土

←盆底石

M.Miwa

盆底石

盆底一定要铺一层盆底石。这样做除了能很好地排水外，还能防止培养土从盆底掉落。

U 形爬藤架等支撑物

由于猕猴桃的枝条呈藤蔓状延伸，U 形爬藤架、栅栏等支撑物就成了栽种猕猴桃的必备物品。种植牵牛花等使用的花架（参考第 10 页的果苗），可能支撑不起猕猴桃的粗枝，所以建议使用右图所示的 U 形爬藤架。

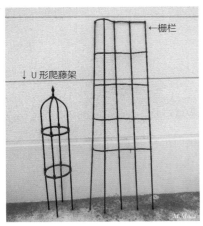

←栅栏

↓ U 形爬藤架

M.Miwa

盆栽的种植步骤

1 放入盆底石和培养土

雌株和雄株需种在不同的盆里。为了更好地排水，防止培养土漏出，需要在盆底放入约3厘米厚的盆底石，并在其上加入第22页中介绍的培养土。

2 埋根

如图所示，如果要种植脱土苗木的根部；如果种植的是钵苗，则要轻轻松开根部放入盆内，然后在盆里放入培养土。调整好根下的培养土高度后，埋好根部。

3 混合培养土

用筷子等轻轻地戳入培养土花盆，使培养土能进入根部的缝隙。或轻轻拍打。如果是嫁接苗，注意土壤不要填埋到嫁接口（参考第25页）。

4 浇水

把根埋好后浇足水。要注意盆内需确保有约3厘米高的积水空间。

保留3厘米高的积水空间

5 装好支架

装好C形爬藤架、栅栏等支架，使苗木的枝条能顺利地在支架的支柱之间生长。

6 引蔓

将苗木的枝条固定在支架上，并稍做修剪。如果是C形爬藤架，为了使枝条呈螺旋状生长，需要稍微斜向引蔓，这样有助于让植株基部周围长出新梢。

短截枝条

庭栽

种植适期在 11 月下旬～第 2 年 3 月上旬。因为在寒冷地区有地面冻结和积雪等情况，容易让植株受到损伤，所以建议在 3 月以后、植株萌芽前种植。

种植位置

尽量选在向阳、排水好的地方栽种。如果在排水不好的地方栽种，会使生根效果变差，大部分的根系便会集中在植株附近，使植株在夏季抗干旱的能力变弱。

培土要点

要挖出直径约 70 厘米、深约 50 厘米的坑。挖出比苗木根部空间大一些的坑，可以让土壤保持松软，使树根以后更容易生长开来。在挖出的土壤中掺入腐叶土等土壤改良材料有利于植株排水。如果不是极端贫瘠的土地，就不需要施混合肥料了，这样也能以防树枝徒长。

专栏

调整土壤的酸度

狝猴桃喜欢弱酸性（pH 为 5.5~6.0）的土壤，而日本的大部分土壤都在这个范围内，但也有土壤 pH 不在此范围内的地区，所以使用右图中的试剂盒等测量土壤的酸度即可挑选出适宜栽种的土壤。

测量酸度后，如果数值不在上述范围内，则需调整酸度。具体来说，可施用苦土石灰（镁石灰，pH 接近中性或碱性）提高 pH，或是施用硫黄粉末（pH 接近酸性）降低 pH。根据情况，将这类材料混合到挖出的土壤中，直到将土壤调整到适合的酸度范围内为止。土壤酸度的调整最好在种植前 1~2 个月进行。

可进行酸度测量的商用试剂盒。另外，还有通过插入土壤测量酸度的土壤酸度计等，但是价格便宜的土壤酸度计往往精准度较低。

首先加入 100 克左右的苦土石灰或硫黄粉末，然后混合土壤，接着再次测定酸度即可。

庭栽的种植步骤

① 挖坑

装好棚架等支架（参考第 26 页）后，在种植苗木的地方挖直径约为 70 厘米、深约 50 厘米的种植坑。坑要挖得大一些，以便让植株周围易于排水。

② 掺入腐叶土

倒入约 18 升的腐叶土，然后不断翻土，使其与土壤充分混合。这个步骤可让土壤变得更加松软，易于排水，让植株更好地扎根。

③ 埋根

将苗木放入坑内，并把根部铺开（如果为脱土苗，铺上翻松过的土壤。注意不要掩埋植株的嫁接口（位于植株基部的鼓包状部分）以上的接穗部分。

④ 引蔓

要想将枝条压成一字形（参考第 26 页）栽培，就需要如右图所示，在临时搭建的支架上引蔓。如要进行全背式栽培，则要将藤蔓引到装好的支架底部。

⑤ 修剪

在粗壮的部位短截枝条，使粗壮的部位成为枝条的顶端。建议从两芽之间下剪。

⑥ 浇水

浇足水后便大功告成，然后将植株修剪（参考第 74~83 页）至理想的状态。

栽培方式

栽种苗木后，从 3 月下旬开始就会长出新梢，并沿着支架伸长。冬季修剪一番后，便能打造出理想的树形。猕猴桃一般有以下 4 种打造树形的栽培方式。在家庭种植中，庭栽适合采用棚架式栽培中的全背式栽培，盆栽则适合用 U 形爬藤架式栽培。那么下面就具体说明这些栽培方式。

棚架式栽培　　适用于庭栽

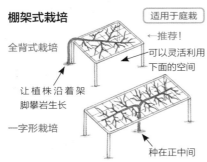

全背式栽培
←推荐！
可以灵活利用下面的空间
让植株沿着架脚攀岩生长
一字形栽培
种在正中间

这是最大限度利用植物特性，易于确保产量的栽培方式。如果是家庭种植，那么就非常推荐能有效节省棚架下空间的全背式栽培法。棚架的面积以约 3.2 米² 为宜（参考第 74~75 页）。

U 形爬藤架式栽培　　适用于盆栽

易于排布枝条的空间格局
←推荐！

这是最适合盆栽的栽培方式。如果在栽种时引蔓，使枝条呈螺旋状生长，就可让植株基部周围更容易地长出枝条，这种栽培方式既容易打理，又能保持美观。

栅栏式栽培　　适用于庭栽和盆栽

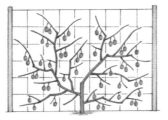

想要有效地利用地基周围的平面空间，可采用这种栽培方式。但是这种栽培方式容易让果实逐年往上生长，如果修剪技术不好，就很难打理长枝，因此不太推荐初学者使用。

拱门式栽培　　适用于庭栽和盆栽

下面难以长出枝条

设在庭院前的通道上，能起到装饰效果的栽培方式。按这种栽培方式栽种后，过 3 年左右便可以打造出美丽的拱门，但与栅栏式栽培一样，这种栽培方式很难保持枝条的形态，所以比较适合有经验的人士使用。

12 个月栽培月历

本书按月总结了栽培猕猴桃时要做的主要工作，
有助于读者根据时期进行恰当的
管理和细致的栽培。

2月

3月

4月 ← 新梢
（徒长枝）

5月

6月

7月

猕猴桃的生长过程

Kiwifruit

M.Miwa

猕猴桃全年栽培工作、管理月历

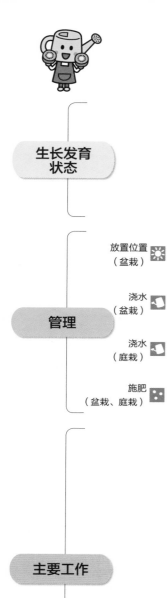
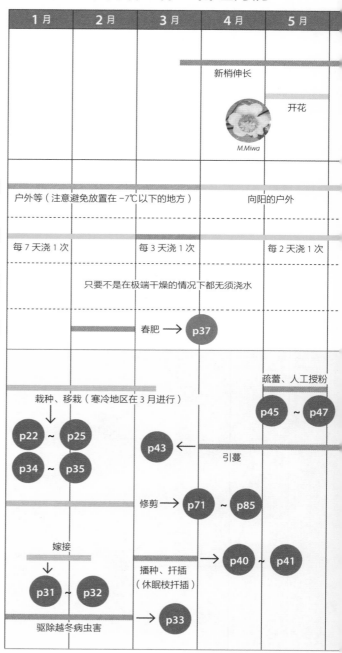

	1月	2月	3月	4月	5月

生长发育状态
- 新梢伸长
- 开花
- M.Miwa

管理

放置位置（盆栽）☀
- 户外等（注意避免放置在 −7℃ 以下的地方）｜向阳的户外

浇水（盆栽）💧
- 每 7 天浇 1 次｜每 3 天浇 1 次｜每 2 天浇 1 次

浇水（庭栽）💧
- 只要不是在极端干燥的情况下都无须浇水

施肥（盆栽、庭栽）🎲
- 春肥 → p37

主要工作

疏蕾、人工授粉
- p45 ~ p47

栽种、移栽（寒冷地区在 3 月进行）
↓
- p22 ~ p25
- p34 ~ p35

- p43 ← 引蔓

修剪 → p71 ~ p85

嫁接
↓
- p31 ~ p32

播种、扦插（休眠枝扦插）→ p40 ~ p41

驱除越冬病虫害 → p33

	6月	7月	8月	9月	10月	11月	12月
		新梢伸长					落叶
		果实膨大			果实停止膨大		
		花芽开始分化（在下一季度开花的花芽）					
			向阳的户外				
			每天浇1次		每2天浇1次	每3天浇1次	每5天浇1次
					只要不是在极端干燥的情况下都无须浇水		
		如果14天都没有下雨，就需要给植株浇足水					
		夏肥 → p49				秋肥 → p65	
	疏果、套袋				→ p57	栽种、移栽	
	p50 ~ p51		防台风				
					采收		
					p66		
			摘心、去除徒长枝			修剪	
						贮藏、催熟	
	扦插（绿枝扦插）		→ p55			p67 ~ p69	
	扭枝、环状剥皮		→ p53 ~ p54			防寒、驱除越冬病虫害	

M.Miwa

1 月

- ❄ 户外
- 🪴 盆栽：盆土表面变干后要补充充足的水
  庭栽：无须浇水
- 🎲 无须施肥
- 🐛 驱除越冬病虫害

基本 基本的农事工作

挑战 中、高级的尝试工作

无农药 无农药、少农药栽培的技巧

1月的猕猴桃

1月的天气十分寒冷，这是一个不便外出的时期，但对于猕猴桃的栽培者来说，则是一个忙碌的时期。

此时建议栽培者趁着植株处于休眠期，对枝条进行修剪。因为植株的根部在这个时期生长缓慢，猕猴桃可在除寒冷地区以外的地方进行栽种或移栽。另外，这也是一个能够将越冬病虫害一网打尽的好时机，可以借此机会喷洒机油乳剂或去除病虫害容易滋生的落叶和枯枝。

1月的风景　落叶后棚内的样子

培育了10年左右的地栽树。如图中那样天气晴朗、寒风吹拂的时候，正是绝佳的修剪时期。

管理

🪴 盆栽

❄ 放置位置：**户外**

在寒冷地区（低于 -7℃），要做好防寒措施（参考第71页），但也要注意勿让植株得睡眠症（参考第92页）。

🪣 浇水：**盆土表面变干后**

每7天浇1次，浇水要充足，直到盆底流出水来为止。

🎲 施肥：**无须**

🌱 庭栽

🪣 浇水：**无须**

🎲 施肥：**无须**

🪴🌱 防治病虫害

🐛 **驱除越冬病虫害**

处理落叶、修剪枝条可以减少春季以后病虫害的发生概率。刮去粗糙的树皮（参考第33页）也是有效的防治措施。

如果植株上有介壳虫等害虫，可参考下一页的内容进行防治。

本月的主要工作

🐛 害虫 介壳虫类　　注意度 ◐◐◯

　　冬天植株落叶，会很容易发现附着在枝干等处的介壳虫类害虫（下图），这些害虫是可以有效防治的。当害虫数量较少时，可用牙刷等工具将其擦掉。如果枝干较粗，则需刮去外层的粗皮（参考第 33 页）。如果已严重到害虫长满整株树，并且已无法完全去除的情况下，需在 12 月～第 2 年 1 月喷 1 次机油乳剂（如 95 号机油乳剂），效果会很显著。

果实中长出的桑白蚧，呈圆形贝壳状的（白色箭头处）为雌虫，黄色箭头所指的为雄虫的茧。喷洒下图所示的机油乳剂可有效防治。

在园艺店等处可以买到的瓶装机油乳剂。用水稀释后喷洒在枝干上，其中的有效成分机油就会附着在介壳虫等害虫的身上，使其窒息死亡。但要注意，该药不能与其他药剂混用。

⬆🗑 主要的工作

基本 栽种、移栽 无农药

适宜在休眠期进行，寒冷地区宜在 3 月进行

　　参考第 22~25 页和第 34~35 页。

基本 修剪 无农药

每年都需修剪

　　1 月正是修剪适期，可参考第 71~85 页进行修剪。

挑战 嫁接

在砧木上插入接穗

　　将接穗嫁接在第 40 页中介绍的由种子播种后长成的砧木上，就能种出苗木。如果嫁接上其他雌株品种的枝条，一株树就可以收获多个品种的果实；嫁接上雄株品种的枝条，即使周围没种有雄株也能更好地坐果（参考第 32 页）。

　　嫁接的难度较大，如果只是简单地把枝条粘在一起，往往会嫁接失败。想要嫁接成功，最关键的是要把接穗和砧木的形成层紧密贴合在一起。嫁接的动作要快，以避免切口变干。此外，也要注意将接穗牢牢地固定在嫁接的部分。

　　本书将在下一页介绍成功率高的嫁接方法。

◐◐◐注意度 3：须注意预防，一旦发生，就要考虑喷药应对。
◐◐◯注意度 2：须尽量处理。　◐◯◯注意度 1：无须特别在意。

嫁接（切接）的步骤　　适期：1 月中旬 ~2 月上旬

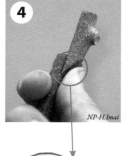

1

如②所示，要在此处削去薄薄的一层

斜切

NP-H.Imai

准备接穗
切取一根有 1 个芽的小接穗，斜向削去接穗基部的一侧。

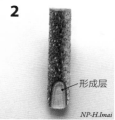

2

形成层

NP-H.Imai

调整接穗
把①所示的芽的背面削薄，以便能看到形成层。切面内，颜色较深的线条部分便是形成层。

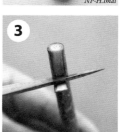

3

NP-H.Imai

准备砧木
从枝条上剪取砧木部分（参考栏目内的带 ※ 号部分），如图所示，要往下削枝条，使砧木露出形成层（参考④中的示意图）。

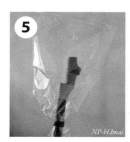

4

NP-H.Imai

形成层

将接穗固定在砧木上
把①所示的修剪好的接穗插进③所示的削好的砧木上，用塑料胶带或嫁接专用胶带固定。如图所示，此时要让砧木与接穗的形成层彼此紧密贴合在一起。

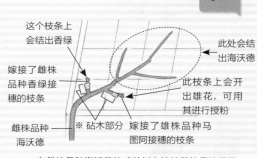

5

NP-H.Imai

步骤完成
用小塑料袋套住插入接穗的砧木，以便固定嫁接，使其保持湿润。等 4 月前后萌芽后再取下塑料袋。

专栏

嫁接法让雌株无须雄株便可收获多个品种

如右图所示，在培育的雌株上嫁接不同雌株品种的接穗，其好处是可在一株上收获多个品种。此外，通常在栽种时，雌株和雄株需要配套种植（参考第 8 页），但只要在雌株上接上雄株的接穗，即使没有栽种雄株，也能结出果实。

这个枝条上会结出香绿

此处会结出海沃德

嫁接了雌株品种香绿接穗的枝条

此枝条上会开出雄花，可用其进行授粉

雌株品种海沃德

※ 砧木部分　嫁接了雄株品种马图阿接穗的枝条

在雌株品种海沃德的成龄树上嫁接雌株品种香绿和雄株品种马图阿后的样子。

驱除越冬病虫害　适期：12月~第2年2月

冬天做好以下4步，便可减少猕猴桃枝干上的越冬病虫害。

❶ 清除落叶、修剪枝条

病原菌和害虫往往在枯枝烂叶下越冬，因此需收拾并处理掉全部落叶。因为枯枝上容易藏有溃疡病等病害的病原菌（参考第45页），所以一定要修剪掉这些枝条。

❷ 去除果梗

在采收果实后的枝条上会残留果梗（果轴，右图），上面易长出许多病原菌，如果实软腐病的病原菌等（参考第63页），因此需将其修剪处理，并且要多次确认是否有剩余的果梗。

❸ 刮去粗皮

如果是用棚架栽培的植株，其主干（植株基部到棚面之间的粗干部分）树皮表面上的凹凸往往是介壳虫类和卷叶虫类害虫越冬的好去处。因此，建议冬季使用头部弯曲的镰刀（右图）等工具，刮去树皮表层（外树皮）。

❹ 喷洒机油乳剂

做完前3步后，便可以减少越冬病虫害的密度，可到此仍很难完全消灭病虫害，特别是介壳虫类害虫还会每年反复出现。这时可以在做完前3步后喷洒机油乳剂（参考第31页），便能取得很好的防治效果。

12月下旬~第2年1月，植株上的所有叶片都会掉落。就算麻烦也要把这些落叶全都捡起并处理掉，这样做能有效地防治病虫害。

将修剪掉的枝条收集起来，捆绑好后按照地方政府的规定进行处理。

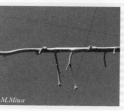

因为果梗是判断枝条短截位置的标准（参考第79页），所以最好在修剪完枝条后再剪掉果梗。

用割草用的弯曲镰刀等工具，刮去灰色树皮的表层。

机油乳剂是有机农产品（有机JAS）允许使用的无公害农药，除了专业农户外，许多家庭种植中也常用到此农药。

移栽的目的和时机

盆栽几年后，盆里就会布满老根。如果根没有了生长的空间，新根的比例就会变少，再怎么浇水施肥，植株也吸收不了水分和养分，造成枝叶生长不好，叶片褪色，整个植株长势变弱（根部堵塞）。所以在培育猕猴桃时，需要每 2~3 年进行 1 次移栽。如右图所示的植株，其状态离损伤仅有一步之遥，所以只要符合积水或爆盆两种情况中的其中一种，不管移栽后过了多久，都要在 11 月 ~ 第 2 年 3 月进行移栽。

移栽的方法 Ⓐ

改种到大盆的方法

改种的方法可以分为两大类。盆栽仅数年的幼株，如果在移栽时要换到大一圈的盆里栽种，可以按照第22~23 页所述的方法（换大盆）进行移栽。

植株需要移栽时的两种情况

1.
积水
如果浇水后，水超过 1 分钟没有渗入土壤，很可能是根部堵塞造成的。

2.
爆盆
由于根部堵塞，根部很可能为了寻求水和氧气而长出盆外。

移栽的方法 Ⓑ

种回原盆的方法

在反复进行Ⓐ所述的移栽方法后，花盆会渐渐变大。这时就会出现没有更大的花盆可以移栽的问题。为了保证新根生长的空间，又不想增大花盆的尺寸时，可按下一页所述的方法，换新培养土，将植株重新种回原盆内。

①取出植株

②将植株栽种到大一圈的盆内（换大盆）

移栽方法Ⓐ的概要（参考第 22~23 页）。

①取出植株

②修剪根部

③再次种回原来的盆内

移栽方法Ⓑ的概要（参考 P35）。

移栽的方法 **B** 种回原盆的方法

NP-H.Imai

从盆里取出植株

如果出现爆盆现象，就要边拍盆边将植株抽取出来。然后，尽可能地去除掉底部的盆底石。

约3厘米

M.Miwa

切割根土

将植株横倒，用锯切割掉底部约3厘米厚的根土，老根与旧的培养土也一并切割掉。只要把握好换盆时期，控制好切割的量，就不会损伤到植株。

M.Miwa

切割根土的侧面

扶起植株，同样地，将根土侧面也按约3厘米的厚度进行切割，要分几次切割。同时需确认是否有金龟甲类的幼虫（参考第39页），若有就要将其清除。

NP-H.Imai

种回原来的盆里

将根土切开后，用新的盆底石和培养土（参考第22页）将植株重新栽种回原来的盆内。按第23页②中所述的要领调整种植高度。

NP-H.Imai

混合培养土

将植株置于盆中央，然后放入培养土填埋根部。接着用筷子轻戳土壤，使培养土填补根和盆之间的空隙。

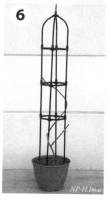

NP-H.Imai

引蔓

装上U形爬藤架，做好引蔓后给植株浇足水。如果浇水后培养土塌陷，则要再补充一些培养土。

基本 基本的农事工作
挑战 中、高级的尝试工作
无农药 无农药、少农药栽培的技巧

本月的管理

❄ 户外
💧 盆栽：盆土表面变干后要补充充足的水
庭栽：无须浇水
🎲 须施肥
🔵 驱除越冬病虫害

管理

🪣 盆栽

❄ **放置位置：户外**

但不得放置在低于 −7℃ 的地方。

💧 **浇水：盆土表面变干后**

每 7 天浇 1 次，浇水要充足，直到盆底流出水来为止。

🎲 **施肥：须施春肥，参考第 37 页**

🌱 庭栽

💧 **浇水：无须**

🎲 **施肥：须施春肥，参考第 37 页**

🪣🌱 防治病虫害

🔵 **驱除越冬病虫害**

参考第 33 页，做好越冬病虫害的驱除工作。萌芽前后，在没那么寒冷的时期喷洒机油乳剂，可能会导致春季新生长的枝条（新梢）上的叶片出现卷曲等症状（药害），所以建议最迟在 2 月上旬前完成喷药。

2 月的猕猴桃

立春虽然在历法上算春天，但却是一年中最寒冷的时期。此时期需继上个月做好修剪、栽种、移栽的工作之外，还要进行越冬病虫害的防治工作。3 月以后，根才会真正的开始活动生长，所以在此之前须施春肥。到了嫁接适期，如想要自行种出苗木，或者在一株树上收获多个品种，可以尝试进行嫁接，虽然有一定的难度，却也是一次挑战。

M.Miwa

2 月的风景 雪景
因为低于 −7℃ 植株有枯萎的危险，所以在寒冷地区要给植株做好防寒工作。不论降雪或积雪，都要修剪枝条。

本月的主要工作

- 基本 栽种
- 基本 修剪
- 挑战 嫁接
- 基本 移栽

1 月

2 月

3 月

⚃ 春肥（基肥、出芽肥）

适期：2 月

2 月施春肥。因为春肥能提供植株一年生长中需要吸收的大部分养分，所以春肥又被称为"基肥"；同时，春肥也是为萌芽而在春季施用的肥料，所以又叫"出芽肥"。

春肥的种类没什么限制，但建议挑选含有硅、磷、钾及微量元素的肥料，以及可从物理层面改善植株状态的有机肥料。本书将介绍臭味较少、容易入手和施肥的油渣及其施用量（参考下表）。

⬆🗑 主要的工作

4 月

基本 栽种

宜在休眠期栽种，寒冷地区建议在 3 月栽种

参考第 22~25 页的内容栽种。在夜间温度低于 −7℃ 的寒冷地区，因为植株遇寒会使长势变弱，所以庭栽的情况下，建议在 3 月以后、稍微回暖的时期进行栽种。

5 月

6 月

基本 修剪 无农药

参考第 71~85 页

萌芽后，树液在枝条中大量流动，此时修剪枝条，切口会很难愈合，导致植株有枯萎的危险。因此，修剪宜在 2 月底前完成。

7 月

挑战 嫁接

参考第 31~32 页

和修剪一样，萌芽后，树液会在枝条中大量流动，此时嫁接很难成功，所以尽量在 2 月上旬前后完成嫁接。

8 月

基本 移栽 无农药

在爆盆之前移栽

可参考第 34~35 页的内容移栽。基本上要每 2~3 年进行 1 次移栽，但如果出现了如第 34 页所述的两种情况中的任何一种，无论移栽后过了多久，都要重新进行移栽。

9 月

10 月

不同栽培方式下的春肥施用量（施油渣[1]）

方式	花盆与树的大小		施肥量[2]
盆栽	花盆的大小（号数）[3]	8 号	20 克
		10 号	30 克
		15 号	60 克
庭栽	树冠直径[4]	不足 1 米	130 克
		2 米	520 克
		3 米	1170 克

① 如果有其他有机肥料掺入会更好。
② 一般一把为 30 克，一撮为 3 克。
③ 8 号盆直径为 24 厘米，10 号盆直径为 30 厘米，15 号盆直径为 45 厘米。
④ 参考第 94~95 页。

11 月

12 月

基本 基本的农事工作

挑战 中、高级的尝试工作

无农药 无农药、少农药栽培的技巧

本月的管理

❄ 向阳的户外

💧 盆栽：盆土表面变干后要补充充足的水

庭栽：无须浇水

🎲 均无须施肥

🐛 驱除越冬病虫害

3 月的猕猴桃

3 月，天气逐渐回暖。植株从 12 月～第 2 年 2 月的低温环境下的自发休眠状态（参考第 70 页）转换为被动休眠状态，随着气温的上升，植株开始萌芽，树液也在植株体内旺盛流动。若在 3 月以后修剪枝条，树液可能会从切口处溢出（参考第 71 页），伤口较难愈合，所以修剪基本要在 2 月底前完成，即使还没完成也要停下来。

3 月的风景　萌芽

红肉系品种最早在 3 月下旬前后萌芽。红肉系品种比绿肉系品种的新梢数量多，但长度较短。

管理

🪣 盆栽

❄ **放置位置：户外**

虽然可以放在户外等地方，但要注意避开寒冷（低于 −7℃ 的地区）或有霜降的地方。

💧 **浇水：盆土表面变干后**

每 3 天浇 1 次，浇水要充足，直到盆底流出水来为止。

🎲 **施肥：无须**

🌱 庭栽

💧 **浇水：无须**

🎲 **施肥：无须**

🪣🌱 防治病虫害

🐛 **驱除越冬病虫害**

第 33 页中介绍到猕猴桃的越冬病虫害驱除工作基本在 2 月之前完成，即使没完成也要提前结束工作。到了 3 月，天气回暖，如左图所示，植株上长出的萌芽很容易断掉，所以工作时注意不要触碰到萌芽。另外，此时喷药可能会造成新梢损伤，所以本月以后不宜再喷洒机油乳剂（参考第 31 页）。

本月的主要工作

基本 栽种、移栽
挑战 播种
挑战 扦插（休眠枝扦插）

📥 主要的工作

基本 栽种

参考第 22~25 页

　　萌芽后根部会大量吸水，此时栽种，植株会因为遭受冲击而使根部受损，导致长势变弱。因此，栽种要在萌芽前完成。在寒冷地区，如果是庭栽，则要等雪融化后再进行栽种。

基本 移栽 无农药

要驱除金龟甲类幼虫

　　与上述的栽种要求一样，移栽（参考第 34~35 页）也要在萌芽前完成。虽然移栽的主要目的是确保新根有生长空间，并通过更换土壤从物理和化学性质上改善植株的长势。但除此之外，种植者也要做好驱除金龟甲类幼虫（下图）的养护工作。

从盆中取出植株，稍微打松根土表面，确认根土内是否藏有金龟甲类幼虫。

挑战 播种

种下提前保存的种子

　　参考第 40 页。

挑战 扦插（休眠枝扦插）

插入提前保存的插穗，以便进行繁殖

　　参考第 41 页。

专栏

要注意萌芽后的新梢

　　刚萌芽的新梢容易折断，所以要尽量避免触碰。其中，向上延伸的新梢特别容易折断，因此不要强行引蔓（参考第 43 页），最好等到新梢的长度达到 20 厘米以上再进行引蔓。不过新梢过长也容易被风吹折，所以引蔓不宜过早也不宜过晚。

引蔓时不小心折断的新梢。

挑战 播种 ｜ 适期：3 月

通过播种（种子）获得的苗木从栽种到采收果实需要 8 年左右。而播种种出的苗木，既有可能成为雌株，也有可能成为雄株，在开花之前是无法区分雌、雄株的。因此，如果是为了采收果实而栽种猕猴桃，建议用扦插或嫁接的方式栽培出来的苗木，或者直接购买市面销售的苗木。

不过，播种种植也有其好处，除了可以观察和观赏到植物的生长过程外，种出的苗木还可以作为嫁接时的砧木（参考第 32 页），如果有机会可以挑战一下这种种植方式。播种种植的成功要点是先将种子贮藏在冰柜等地方，进行一段时间的低温处理，然后让种子从休眠状态中苏醒，接着再进行播种（参考第 69 页）。土壤使用播种专用的培养土等。

播种的步骤

1　冷藏种子
参考第 69 页的内容，选用从果实中取出后放入冰柜等地方进行过低温处理的种子。
NP-H.Imai

2　播种
与其直接撒在庭院等处，还不如将种子撒在盆里，便于后续的栽培。土壤选择播种专用的培养土等，需洒水后再使用。
NP-M.Fukuda

3　覆土
在盆内撒播多粒种子时，尽量将种子间隔开来，并轻轻地盖上培养土。放在阳光充足的户外，在培养土变干之前浇水。左图为播种 2 周后幼苗的样子。
NP-M.Fukuda

4　上盆
播种 1 个月后的样子。生长到这个程度后，便可以进行移栽，使每个盆中只有 1 株幼苗。
M.Miwa

5　架设支撑物
播种 4 个月后的样子。当苗木长到如图所示的高度时，可以装上支架等辅助工具进行引蔓。
M.Miwa

6　完成
播种 9 个月后的样子。当作为嫁接用的砧木时，在落叶后的 1~2 个月，从距地面 5 厘米左右高（A 处）的地方短截枝条，并嫁接上接穗。
M.Miwa

挑战 扦插（休眠枝扦插）

适期：3 月

　　扦插剪取并保存下来的枝条就是休眠枝扦插。这种扦插方式比在 6 月前后进行的绿枝扦插（参考第 55 页）更容易操作，成功率也更高，是一个相对轻松的挑战。而定期浇水不让插床干燥是休眠枝扦插成功的关键。

扦插（休眠枝扦插）的步骤

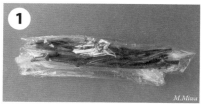

冷藏插穗

不要在扦插适期，即 3 月采集插穗（用于扦插的枝条），最好在 12 月~第 2 年 2 月修剪枝条时采集，并将其装入塑料袋后冷藏保存。

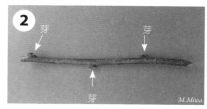

切分插穗

从塑料袋中取出提前保存的插穗，将其切成有 3 个芽（节）的长度。

调整插穗的先端

为了使插穗的先端呈左图所示的楔形，需要用刀等工具削皮，以调整插穗先端的形状。

浸水

往杯子或其他容器里倒水，将插穗的先端浸泡 2 小时左右。

涂上生根剂

在插穗的先端涂上市面上销售的生根剂。

准备插床

培养土使用鹿沼土（细粒）等。为了不损伤插穗的先端，最好用筷子之类的棍子在插床上轻轻插出洞口。

插入插穗

将插穗插在浇足水的插床上，将插穗的 1 个芽埋入土中，就大功告成了。在 12 月上盆前，注意不要触碰插穗。

本月的管理

- ❄ 向阳的户外
- 💧 盆栽：盆土表面变干后要补充充足的水

  庭栽：无须浇水
- 🎲 无须施肥
- 🐛 喷药以预防病虫害

基本 基本的农事工作

挑战 中、高级的尝试工作

无农药 无农药、少农药栽培的技巧

4 月的猕猴桃

4 月，所有品种的猕猴桃植株都开始萌芽，每个棕色的枝条上有 2~6 个新梢。到了中下旬，花蕾形状显现。因为本月以后新梢会旺盛地伸长，所以一直到 9 月前后，需定期引蔓，把新梢引到支架上，以保持植株枝条布局的平衡。如果拾捡落叶、修剪枝条后，仍然多次出现溃疡病等病害，就需要从 4 月开始喷洒杀菌剂来进行防治。

M.Miwa

4 月的风景　新梢伸长

从棕色的枝条（休眠枝、结果母枝）延伸出来的黄绿色枝条叫作新梢。因为新梢上长有花和果实，所以也叫结果枝。

管理

🪴 盆栽

❄ **放置位置：向阳的户外**

萌芽后将植株放在光照充足的地方，让其沐浴在阳光下。如果有晚霜，则需提前采取应对措施。

💧 **浇水：盆土表面变干后**

每 2 天浇 1 次，浇水要充足，直到盆底流出水来为止。

🎲 **施肥：无须**

🌱 庭栽

💧 **浇水：无须**

🎲 **施肥：无须**

🪴 🌱 防治病虫害

🐛 **喷药以预防病虫害**

如果有溃疡病和花腐病（参考第 45、88 页）的困扰，可以在冬季驱除越冬病虫害（参考第 33 页），并在植株遭受病虫危害的初期去除被害部位。每年多次发生病虫害的情况下，可在 4~5 月使用链霉素可湿性粉剂等杀菌剂来喷洒预防。

主要的工作

基本 引蔓 适期：4~9 月 无农药

把新梢固定在支柱上

把新梢固定在 U 形爬藤架等支柱上的工作叫作引蔓。对于新梢呈藤蔓状延伸的猕猴桃，要想保证通风、向阳，保持外观美丽，这是必须要做的工作。具体来说，就是要引导枝条的走向，使枝条间保持50~70 厘米的间隔。引蔓要在新梢伸长后进行。

NP-M.Tanaka

在新梢和支柱上缠绕绳子，系成 8 字形，这样新梢不易移位，就算长粗了也不会被勒得太紧。

棚架式栽培的引蔓方法

NP-M.Fukuda

引蔓前

若放任不管，新梢可能会向正上方伸长。

NP-M.Fukuda

引蔓后

注意不要与周围的枝条交叉在一起，用绳子固定枝条。

U 形爬藤架式栽培的引蔓方法

如果新梢向四面延伸，光照、通风条件和植株外观都会变差。

引蔓前

NP-M.Fukuda

引蔓后

NP-M.Fukuda

引导藤蔓的伸长方向，使植株保持良好的光照和通风，看起来更加美观。4~9 月要坚持做好引蔓工作。

43

本月的管理

❄ 向阳户外的屋檐下

▢ 盆栽：盆土表面变干后要补充充足的水

庭栽：无须浇水

❄ 无须施肥

🐛 喷药以预防病虫害

5月的猕猴桃

到了5月，猕猴桃的新梢比上个月生长得更加旺盛，所以此时要在引蔓上多下功夫。这样做除了能保持良好的光照、通风外，还能让植株看起来更加美观。因此，引蔓是5月必做的功课。当花蕾在一个地方分成3个的时候，就表明植株到了疏蕾的最佳时期。疏蕾需让花蕾保持一个地方只有1个，以便拉开花蕾间距，抑制养分流失。

5月也是猕猴桃的开花时期。这一时期会有蜜蜂等昆虫为花朵授粉，但受天气等因素影响，其效果不太稳定，所以这段时间就要进行人工授粉。

5月的风景　雌花与蜜蜂
猕猴桃的花朵几乎没有花蜜，但富含花粉，所以蜜蜂会将花粉做成花粉团带回蜂巢。

管理

▭ 盆栽

❄ **放置位置：向阳户外的屋檐下**

放置在向阳的屋檐下就能既有光照，又可避雨。

▢ **浇水：盆土表面变干后**

每2天浇1次，浇水要充足，直到盆底流出水来为止。

❄ **施肥：无须**

⬆ 庭栽

▢ **浇水：无须**

❄ **施肥：无须**

▭ ⬆ 防治病虫害

🐛 **喷药预防**

5月是喷洒2次链霉素可湿性粉剂的最佳时期，链霉素可湿性粉剂是预防溃疡病和花腐病的杀菌剂。如果想要预防果实软腐病和灰霉病暴发，可分别喷洒甲基硫菌灵可湿性粉剂和异丙二酮可湿性粉剂。但到了开花期，蜜蜂等授粉昆虫常常出现，所以此时尽量不要喷洒杀虫剂。

病害 溃疡病

注意度 ●●○

这是一种细菌性病害，近年来病例在不断增加。溃疡病发生时，叶片上会出现黄色或褐色斑点，使叶片提前掉落。早春时节，修剪出的切口和芽周也会渗出黄白色的黏液，导致植株的一部分甚至全株枯萎。

要尽量在发病初期发现并去除患部。使用过的剪刀和锯也要注意做好清洗杀菌的工作。喷药也是一种预防溃疡病的有效方法。

病害 花腐病

注意度 ●●○

雌花的雌蕊周围变成黑色是花腐病的重要特征。严重时除了落花外，即使残留果实，果实表皮也会有竖纹。要想有效预防花腐病，可以将植株放置在屋檐下，或是喷洒药剂。

上图为开花时遭受病害的样子。左图为果实遭受病害的样子。

主要的工作

基本 **引蔓、人工授粉**

固定新梢，授粉

参考第 43、46~47 页。

挑战 **疏蕾**

将花蕾减少为 1 朵

在枝条上，一般 1 个地方会长出 1~3 个花蕾，为了防止养分流失，需要进行疏蕾，将每处花蕾减少为 1 个。这么做不仅可以让果实膨大变甜，还能省去 6 月疏果的麻烦。

一般来说，中间的 1 个叫作中心花，另外 2 个叫作侧花。与侧花相比，中心花开花时间更早，能结出更大、品质更好的果实，所以疏蕾时，要用手摘去所有的侧花。另外，基部没有叶片的花蕾也要全部摘下来。让每个新梢仅留 2~6 个花蕾。

疏蕾的样子。留下中心花（红圈），摘去侧花（红线）或基部无叶的花蕾（黄圈）。

○○ ○注意度 3：须注意预防，一旦发生，就要考虑喷药应对。
○ ○注意度 2：须尽量处理。 ○注意度 1：无须特别在意。

基本 人工授粉 | 适期：5 月

狝猴桃有雌、雄株之分，雌花和雄花在物理上是分开的，所以需要通过人工授粉才能结出更多的果实，并且这么做也能提高果实的品质。盆栽或是在长宽均为约 2 米的棚架内种植的狝猴桃植株，授粉花的量较少，因此，可以用简单的人工授粉方法 ❶ "用雄花蹭雌花"进行授粉。如果栽培的规模很大，或雌花和雄花的花期是错开的（参考第 47 页），则可以尝试人工授粉方法 ❷ "取出花粉，用笔刷等工具进行授粉"。即使在同一株树上，雌花的开花时间也有早晚之分，所以建议分 3 次进行人工授粉。

人工授粉方法 ❶ "用雄花蹭雌花"

首先，采摘下面专栏所列的 e~f（有花粉的状态）中的雄花，收集到塑料袋中（参考第 47 页①）。将收集到的雄花的顶端（雄蕊）与 D~E 状态的雌花的雌蕊顶端（柱头）进行摩擦，这样就完成人工授粉了。

M.Miwa

1 朵雄花可以人工授粉约 10 朵雌花。如果在整个雌蕊上涂上花粉，种子数量就会增加，果实的大小和品质也会变好。

专栏

适合人工授粉的花朵状态

无论是人工授粉方法❶还是❷，雌花的花瓣从开放的 D 状态到全开的 E 状态都适用于这两种授粉方法。雄花盛开后，从花药中产生花粉起到 3 天后的 e~f 的状态适用于人工授粉方法❶。人工授粉方法❷一般适用于没有释放出花粉的花药，所以要摘取 c~d 状态的雄花进行人工授粉。

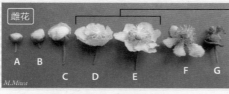

雌花
A B C D E F G
M.Miwa

→ 适用于人工授粉方法❶、❷

雄花
a b c d e f g
M.Miwa

→ 适用于人工授粉方法❶

→ 适用于人工授粉方法❷

A, a：全开前 7 天
B, b：全开前 5 天
C, c：全开前 3 天
D, d：全开前 1 天
E, e：全开时
F, f：全开后 3 天
G, g：全开后 7 天

人工授粉方法 ❷ "取出花粉，用笔刷等工具进行授粉"

如果需要人工授粉的雌花数量较多，可以从雄花中取出花粉后进行授粉。

一些专业的种植者为了增加花粉量和做标记，会在花粉中加入石松子（着色的石松孢子）。如果日常也能买到，建议在人工授粉前在花粉中加入稀释约5倍的石松子。

将花药均匀摊开，并放置6小时左右，花药就会翻转，花粉会从中释放出来。专业的种植者会将花粉过筛后再使用，但是家庭栽植就无须这么麻烦，可以直接使用。

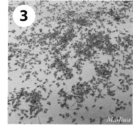

采摘第46页c~d状态的雄花，用塑料袋收集起来。但要注意，雄花长期放在塑料袋内容易闷湿花粉。

将雄花带回室内，用镊子将雄花的雄蕊顶端的花药取出，并放在纸上。

将花粉连同花药一起回收到多个瓶子中。考虑到人工授粉需分多次进行，以及花粉要冷冻保存等因素，花粉最好分成几份放置在多个容器内。

可在花粉中加入稀释约5倍的石松子（左下图）。用笔刷将花粉（连同花药）涂在雌花的雌蕊上。注意，如果花粉被淋湿或放置在常温环境下，会影响萌发率。

雌花和雄花的花期错开时该怎么办　专栏

如果雌花和雄花的花期错开了，最好将上述④中回收花粉的瓶子放入冰柜冰冻。如能好好保存未使用过的干燥花粉，其保质期可长达1年左右，就算到第2年也能继续使用。

如果立即打开从冰柜中拿出的瓶子，花粉可能会被冷凝水浸湿，导致萌发率骤减。因此，最好等到瓶子变成常温后再打开使用。

June

6 月

基本 基本的农事工作

挑战 中、高级的尝试工作

无农药 无农药、少农药栽培的技巧

本月的管理

- ❀ 向阳户外的屋檐下
- 💧 盆栽：盆土表面变干后要补充充足的水
  庭栽：无须浇水
- ▦ 须施肥
- 🐛 喷药和捕杀

---

6 月的猕猴桃

这个月有很多工作要做，其中最重要的工作就是疏果。因为一般只要人工授粉，植株就会结出许多果实，基本上每个新梢会有 0~3 个胖大的果实。疏果就是要把果实间隔开来。当发生病虫害时，可以在疏果后给留下的果实套上果袋。除了疏果外，在 6 月还需要进行摘心和去除徒长枝（过度生长的新梢）、扭枝、环状剥皮、扦插、防治病虫害等大量的植株养护工作。

6 月的风景　疏果后的果形
A：庐山香；B：红妃；C：黄色愉悦；D：香绿；E：海沃德；F：红阳。

管理

🪣 盆栽

❀ **放置位置：向阳户外的屋檐下**
　　放置在向阳的屋檐下就能既有光照，又可避雨。

💧 **浇水：盆土表面变干后**
　　每 2 天浇 1 次，浇水要充足，直到盆底流出水来为止。

▦ **施肥：须施夏肥**

🌱 庭栽

💧 **浇水：无须**

▦ **施肥：须施夏肥**

🪣 🌱 防治病虫害

🐛 **喷药和捕杀**
　　6 月可以喷洒与 5 月施用种类不同的杀菌剂，如苯菌灵可湿性粉剂等，可有效预防果实软腐病。对椿象类和叶蝉等害虫可喷洒噻虫胺水溶剂，对卷叶虫类和透翅蛾类害虫，可喷洒氟虫双酰胺水分散粒剂等。当出现金龟甲类的成虫将叶片吃成网状的情况时，因为目前还无针对此害虫的注册农药，所以一旦发现就要立即捕杀。

本月的主要工作

- 基本 引蔓
- 基本 疏果
- 挑战 套袋
- 基本 摘心、去除徒长枝
- 挑战 扭枝、环状剥皮、扦插（绿枝扦插）

🦠 **病害 枝枯病**　注意度 ●○○

　　枝枯病是一种麻烦的病害，会让新梢部分枯萎，严重时甚至会枯死，老树较容易得此病。最好的防治方法是通过疏果和修剪枝条，使植株健康生长。近年来，研究指出枝枯病的病原菌和果实软腐病的病原菌具有相似性，因此，预防果实软腐病的同时也能起到预防枝枯病的效果。

为防止病原菌扩散，需及时将枝条的干枯部分剪掉。

M.Minea

主要的工作

基本 **引蔓** 无农药
将新梢固定在支柱上
　　每当新梢伸长的时候，将枝条固定在支柱上。参考第 43 页。

基本 **疏果** → 挑战 **套袋** 无农药
将果实间隔开，套上果袋
　　疏果是一项重要的作业，所以不能忘了这一步。参考第 50~51 页。

基本 **摘心、去除徒长枝** 无农药
修剪新梢，剪掉徒长枝
　　参考第 52 页。

挑战 **扭枝、环状剥皮、扦插（绿枝扦插）**
试着挑战更高难度的作业
　　参考第 53~55 页。

🔶 **夏肥（追肥、玉肥）**

适期：6 月

　　因为夏肥是在春肥效果减弱时追加施用的肥料，所以也叫追肥。同时，夏肥又是在果实膨大、生长旺盛的时期施用的肥料，并且因为在日本，玉字意为"球"，果实如球，故夏肥又称玉肥。只要是含有相同比例的氮、磷、钾的肥料，不论是什么种类都能作为夏肥，下面就介绍作为夏肥的复合肥的施用量。

不同栽培方式下的夏肥（复合肥[1]）的施用量

方式	花盆与树的大小		施肥量[2]
盆栽	花盆的大小（号数[3]）	8 号	10 克
		10 号	15 克
		15 号	30 克
庭栽	树冠直径[4]	不足 1 米	30 克
		2 米	120 克
		3 米	270 克

① 复合肥中氮、磷、钾的含量均为 8%。
② 一般一把为 30 克、一撮为 3 克。
③ 8 号盆直径为 24 厘米，10 号盆直径为 30 厘米，15 号盆直径为 45 厘米。
④ 参考第 94~95 页。

○○○注意度 3：须注意预防，一旦发生，就要考虑喷药应对。
○○注意度 2：须尽量处理。　○注意度 1：无须特别在意。

1 月
2 月
3 月
4 月
5 月
6 月
7 月
8 月
9 月
10 月
11 月
12 月

49

一般来说，猕猴桃只要进行人工授粉（参考第46~47页），就会坐果多，并且落果很少。如果就这样放任不管，会因为坐果太多，而使养分消耗过大，导致果实小且品质差，所以 6 月就需要做好疏果工作。

疏果分为预疏果和精疏果两个阶段。一般的枝条上，1 处集中生长约 3 个果实，所以在预疏果阶段，要将果实减少成 1 处 1 果（5 月疏过蕾则无须做此步）。接着就要进行精疏果，为了使每个果实都有 5 片叶，就需要进一步地将果实间隔开来。例如，摘心（参考第 52 页）后，在叶片数调整为 15 的新梢上，疏去部分果实，使枝条上仅留下 3 个（参考第 51 页）。

6 月上旬坐果多的植株的样子。通过疏果，将果实数量减少到原来的 1/4~1/2。

疏果概要

比较理想的安排是预疏果在 6 月上旬，精疏果在 6 月下旬，但也可以两个阶段同时进行。

精疏果（平均每个果实上有 5 片叶）

预疏果

（1 处 1 果）

摘心

（每个新梢上留 15 片叶，参考第 52 页）

因为有 15 片叶，所以只留下 3 个果实，其他的都要疏除。

疏果后，给留下的果实套上果袋，可以保护果实不受软腐病和椿象类、卷叶虫类等病虫害的侵害。套袋是一件费时费力的工作，所以专业的种植者一般都不怎么做这一步，这也不是家庭种植的必须工作，但如果有害虫侵扰，可以试试这个办法。

果袋使用的是在园艺店等市面上销售的家用产品。即使不是猕猴桃专用的果袋，只要尺寸合适就可以使用（需使用不含杀菌剂的果袋）。

疏果、套袋的步骤

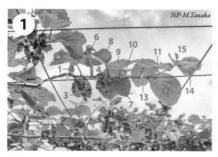

把握好叶片的数量

疏果时，要把握好新梢上的叶片数。上图为摘心后新梢上的 15 片叶。当熟练作业后，就不需要数得那么精确，只需目测出大概的数量即可。

1 处 1 果（预疏果）

未疏蕾且 1 处有 3 个果实时，需进行疏果，使 1 处仅留下 1 个果实。可参考 ② -2 的图片，挑选要疏去的及要留下的果实。

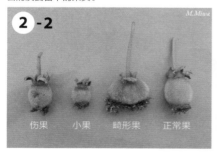

需先摘掉有伤痕的果实（伤果）、明显较小的果实（小果）、形状异常的果实（畸形果），并保留正常的果实（正常果）。

平均每个果实保留 5 片叶（精疏果）

再进行 1 次疏果，使每个果实的叶片数达到 5 片左右。上图为有 15 片叶的新梢，疏去 2 个多余的果实，留 3 个果实。如何挑选果实的去留，可参考 ② -2。

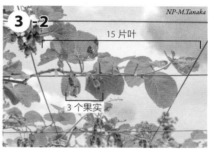

完成疏果

疏果完成后的样子。疏果前为 11 个果实，疏果后仅留下 3 个果实。疏果应以每个新梢保留 0~3 个果实为宜。

套袋

疏果完成后，需立即套上市面销售的果袋。为了不让雨水和害虫等侵入，要将果袋上的铁丝缠绕在果梗上，以便使果袋牢牢地套住果实。

基本 摘心 无农药 | 适期：6~9 月

新梢伸长后可以长到 3 米以上。而新梢徒长后，除了会影响光照、通风和外观外，也会造成植株的养分流失，使果实品质变差，所以就需要进行摘心。

按照步骤，每个新梢都要留 15 片叶（15 节）。另外，只能修剪坐果的新梢，没有坐果的新梢长成徒长枝或突长枝的情况下，需从基部剪下（参考下面去除徒长枝的内容）。

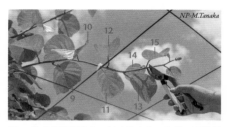

留 15 片叶并进行摘心。其中掺杂有二次枝，即从新梢上二次生长的枝条上的叶片（参考下图），并不算在这 15 片叶里。

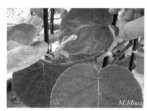

摘心后，当新梢上的叶片基部长出新的新梢（二次枝）时，需留 1~2 片叶后摘心。

基本 去除徒长枝 无农药 | 适期：6~9 月

从称为主枝或亚主枝的粗枝上侧直接长出的新梢，称为突长枝（参考第 76 页）。突长枝大多容易长成粗长的徒长枝，一般向正上方延伸，影响植株的光照、通风和外观，并消耗养分，所以是多余的，须从基部将其疏除。

但是，即使是徒长枝（突长枝），如果周围没有结果的枝条或新梢，则需在扭枝（参考第 53 页）后进行引蔓，使其作为第 2 年的结果枝。

从亚主枝的上侧长出的徒长枝。靠近主干的部位容易长出徒长枝。

须锯掉多余的徒长枝。注意不要留桩。

挑战 扭枝

适期: 6~7 月

如果植株上有一处明显的空余空间，或有枝条坐果多年且坐果部位靠近顶端，坐果效率变低（右图），可以在夏季向下旋转和引导周围的徒长枝（突长枝，参考第 52 页），然后将其作为第 2 年或更晚时期的结果枝。操作要点是尽量挑选斜向生长且较细的新梢，多次扭转并压低该枝条。

明显的空余空间

结果部位集中在枝条的先端

要进行扭枝的徒长枝（※）要挑选直径不足 1 厘米、稍微斜向延伸的新梢

※ 所示的新梢虽然是徒长枝，但是周围有明显的空余空间，坐果部位少，所以建议进行扭枝。

扭枝的步骤

①

划伤枝条

扭枝时，用嫁接专用刀等工具，将徒长枝中要弯曲的部分纵向切出 1~2 个伤口，这样做会比较容易成功。

② -2

将在第❶步中制造的伤口撕裂开来，使枝条向下弯曲

扭枝后

扭枝成功后的样子。将在第①步中制造的伤口撕裂开来。此处要涂抹愈合剂（参考第 85 页）。

② -1

不要向下折断枝条，而是要反复扭转并撕裂枝条

伤口部分

拿好枝条的基部，以免折断

向下扭转枝条

一只手扶住徒长枝的基部，另一只手反复向下扭转枝条，过程中能感觉到扭转枝条有一定的阻力。

③

将枝条引缚到支柱上

用绳子等进行引蔓，使要引缚的枝条不与周围的新梢重叠。到了冬季要进行修剪。

⟶挑战 环状剥皮 | 适期：6~7 月

　　环状剥皮是指在主干或枝条周围划一圈切口并剥下树皮（韧皮部等）的一种修剪方法。猕猴桃一般需要将其棕色的枝条（结果母枝，参考第 72 页）进行环状剥皮，除了可以起到促进果实膨大、提高果实含糖量的效果外，还会增加植株在第 2 年的开花数量。虽然这是资深种植者使用的栽培方法，若读者感兴趣，也可以挑战一下。

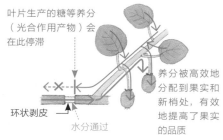

叶片生产的糖等养分（光合作用产物）会在此停滞

环状剥皮

水分通过

养分被高效地分配到果实和新梢处，有效地提高了果实的品质

通过环状剥皮，可以阻止叶片的光合作用产物从新梢中流出，将养分有效地分配给果实。

环状剥皮的步骤

刻上两道划痕
使用嫁接专用刀或割刀等，将长出新梢的棕色枝条（结果母枝）划出两圈深约 1 毫米的伤口，两条线间的宽度为 1 厘米。

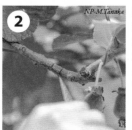

把两处伤口连起来
加上一道横向的划痕，将①中划出的两道划痕连在一起。

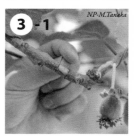

剥树皮
将指甲插入②中划出的划痕处，如左图所示剥下树皮（外皮和韧皮部）。

使用环状剥皮专用的器具。便可同时完成 ① ~ ③-1 的工序。这类商品可在线上购买。

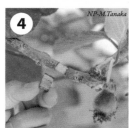

完成
图中处理的是棕色的枝条（结果母枝），有时也有要处理主干或主枝等粗枝的情况。

环状剥皮后的留痕

2 个月后
处理部位在环状剥皮后约 2 个月的模样。枝条上结出了硕大的果实。剥掉的伤口很快就会愈合，因此每年都需重新进行环状剥皮。

挑战 扦插（绿枝扦插）

适期：6~7月

6月是绿枝扦插的最佳季节。成功的要点是做好插床的保湿、浇水等工作。因为插床容易缺失水分，并且操作的难度较高，所以比起绿枝扦插，还是建议采用成功率较高的休眠枝扦插（参考第41页）。

扦插（绿枝扦插）的步骤

切分插穗

扦插之前从树上采集的新梢，并切分好插穗，使1个枝条上只有1片叶。

把叶片剪掉一半

为了抑制叶片的过度蒸腾，需用剪刀将叶片剪成一半大小。为了不使插穗的先端变干燥，在进行第①~③步时动作要快。

调整插穗的先端

使用嫁接专用刀或割刀等，把插穗的先端削成如左图的楔形。

浸水

往杯子里倒水，让插头浸泡约2小时。

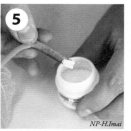

涂上生根剂

在插穗的先端处涂上市面上销售的生根剂。

插入插穗

在放入鹿沼土（细粒）等的插床上浇足水，如第41页中的⑥那样，用筷子等戳出孔洞后，插入插穗。

套上塑料袋

用铁丝等组装成支架，并在其上套上保湿用的透明塑料袋就大功告成了。将盆栽放置在阳台等地方，每3天浇1次水，使袋内空气流通。

基本 基本的农事工作

挑战 中、高级的尝试工作

无农药 无农药、少农药栽培的技巧

本月的管理

☀ 向阳户外的屋檐下

🪴 盆栽：需要每天浇足水
庭栽：需要在无降雨的时候浇水

🎲 无须施肥

☢ 人工防除病虫害，看情况喷药

7 月的猕猴桃

当气温上升时，新梢会生长得更加旺盛。位于叶片基部的芽中会开始形成第 2 年开花的花芽。做好全面的新梢养护，如引蔓、摘心、去除徒长枝、扭枝等工作，可有效改善新梢的长势，有助于增加第 2 年的开花和坐果量。7 月中下旬梅雨期过后，病虫害频发。这一时期要仔细观察植株，以便在病虫害发生的初期及早察觉，及时处理。

7 月的风景　新梢开始伸长后棚内的样子虽然棚架上还有空余的空间，但之后新梢会进一步延伸，而变得拥挤，为此，需要进行全面的摘心和去除徒长枝等新梢管理工作。

管理

🪴 盆栽

☀ 放置位置：**向阳户外的屋檐下**

放置在向阳的屋檐下就能既有光照，又可避雨。

🪴 浇水：**基本上每天都要浇足水**

🎲 施肥：**无须**

庭栽

🪴 浇水：**在无雨的时候**

在出现烧叶现象（参考第 59 页）或是约 14 天都没有下雨的情况下，要浇足水。

🎲 施肥：**无须**

防治病虫害

☢ **人工防除病虫害，看情况喷药**

如果发生金龟甲类（参考第 59 页）的成虫虫害，可人工清除。其他病虫害的受害部位，在发生初期需要人工等去除。如果经常发生卷叶虫类和透翅蛾类（参考第 57 页）等虫害问题，应考虑喷洒氟虫双酰胺水分散粒剂（喷洒 2 次）等。

本月的主要工作

基本 引蔓

基本 摘心

基本 去除徒长枝

挑战 扭枝、环状剥皮、扦插

基本 防台风

1 月

2 月

3 月

害虫 卷叶虫类　　注意度 ◐◐◐

卷叶虫类的幼虫会侵食叶片和果实，在变成蛹之前会用白色的丝状物质包裹自己。一般在通风不好的环境下容易滋生这类害虫，所以要做好修剪、引蔓等工作，并尽快找到这类害虫的幼虫和蛹，并加以清除。套袋和喷洒药剂也是有效去除此类害虫的措施。

一旦发现叶片微卷，就要怀疑是否有卷叶虫类害虫。叶片里的幼虫一经发现就要立即消灭。

害虫 透翅蛾类　　注意度 ◐

到了 6 月前后，透翅蛾等的幼虫会一边在枝条内排粪，一边侵食植株，导致树势变弱。除了在入侵部位插入铁丝可以驱除幼虫等办法外，在 6~7 月喷洒药剂也有很好的驱虫效果。

除透翅蛾类外，蝙蝠蛾的幼虫也会一边排粪一边侵食枝条内部。

主要的工作

基本 **引蔓、摘心、去除徒长枝** 无农药
管理新梢

参考第 43、52 页。

挑战 **扭枝、环状剥皮、扦插**
挑战更高难度的作业

参考第 53~55 页。

基本 **防台风** 适期：7~9 月
台风来临前要做好预防措施

因为叶片很难抵御强风，所以做好防台风的措施就变得十分重要。虽然庭栽的情况下很难采取根本性的对策，但提前做好引蔓等工作，也能在一定程度上减少因强风导致的新梢折断和落果问题。

盆栽的情况下也要做好引蔓，采取防台风措施的同时，应将盆栽提前放倒固定。

因为强风会把盆栽吹倒，造成植株损伤，所以在台风即将到来之前，要轻轻放倒盆栽，要是能暂时搬到屋内放置就再好不过了。

4 月

5 月

6 月

7 月

8 月

9 月

10 月

11 月

12 月

◐◐◐ 注意度 3：须注意预防，一旦发生，就要考虑喷药应对。
◐◐ 注意度 2：须尽量处理。　◐ 注意度 1：无须特别在意。

本月的管理

❄ 向阳的户外

🌙 盆栽：需要每天浇足水

庭栽：需要在无降雨的时候浇水

⚅ 无须施肥

🐛 人工防除病虫害

基本 基本的农事工作

挑战 中、高级的尝试工作

无农药 无农药、少农药栽培的技巧

---

8 月的猕猴桃

此时的天气越来越热，盆栽需要每天浇水，而庭栽则基本上不需要浇水，但如果出现烧叶、日灼果（参考第 59 页），或是约 14 天没有降雨的情况时，就要浇足水。在 8~9 月施肥，会导致果实糖度下降等品质问题，所以要控制好施肥量。当气温升高时，害虫会增加，所以要注意防治病虫害。台风来临时也要采取相应的防台风措施。

8 月的风景　膨大的盆栽果实
盆栽和庭栽一样，也能结出硕大的果实。盆土干燥时会出现烧叶现象，所以栽培要注意浇水。

管理

🪴 盆栽

❄ **放置位置：向阳的户外**

如果天气太热导致植株枯萎，可以暂时将植株放置在阴凉处避暑。

🌙 **浇水：浇水要充足**

直到盆底流出水来为止。基本上每天都要浇水。

⚅ **施肥：无须（此时施肥会影响果实的品质）**

🌱 庭栽

🌙 **浇水：在无降雨的时候**

在出现烧叶现象（参考第 59 页）或是约 14 天都没有降雨的情况时，要浇足水。

⚅ **施肥：无须（此时施肥会影响果实的品质）**

🪴🌱 防治病虫害

🐛 **人工防除病虫害**

如果看到介壳虫类、椿象类、卷叶虫类、金龟甲类等害虫，要尽早清除。如果植株患上炭疽病等病害，也要尽早去除病害部位。

本月的主要工作

- 基本 引蔓
- 基本 摘心
- 基本 去除徒长枝
- 基本 防台风

1月
2月
3月
4月
5月
6月
7月
8月
9月
10月
11月
12月

🦠 病害　炭疽病　　　注意度 ◐◯

发病初期，叶片上会出现褐色斑点，之后变色部分逐渐扩大，严重时还会落叶。由于目前还没有相关的注册农药，因此要自行采取相应的对策，如清除落叶（参考第33页）和将盆栽放置在屋檐下以避开降雨等。

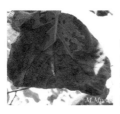

如果叶片上出现褐色的斑点，在初期去掉病害部位，可有效地防止感染扩大。

🦠 害虫　金龟甲类　　　注意度 ◐◯

夏、秋时期，金龟甲类的成虫会把叶片吃成网状，冬季至初春时期其幼虫会在土壤中残食根部。盆栽内的幼虫滋生还会导致植株枯萎，遇到此情况时，需移栽并除虫。一旦发现成虫，就要人工除掉。

M.Miwa

目前还没有有效驱除金龟甲类成虫的办法，所以它让很多种植者苦不堪言。金龟甲类具有夜行性，因此，在清晨或傍晚比较容易发现它们。

⬆️🗑️　主要的工作

基本 引蔓、摘心、去除徒长枝　[无农药]
管理新梢

参考第43、52页。

基本 防台风
台风来临前要做好预防措施

参考第57页。

专栏

生理障碍　　注意度 ◐◯

烧叶、日灼果

如下图所示，叶片边缘枯萎，夏季果实凹陷是高温和土壤干燥造成的。日灼果在不浇水的盆栽中特别容易出现，烧叶则容易发生在盆栽和排水不好的庭院中。为此需时常浇水预防此类问题。

M.Miwa

扎根牢靠就不容易发生此类问题。

◐◐◐注意度3：须注意预防，一旦发生，就要考虑喷药应对。
◐◐注意度2：须尽量处理。　◐注意度1：无须特别在意。

59

9月

✳ 向阳的户外
🪣 盆栽：需要每天浇足水
　　庭栽：需要在无降雨的时候浇水
⚁ 无须施肥
🎲 人工防除病虫害，看情况喷药

基本 基本的农事工作
挑战 中、高级的尝试工作
无农药 无农药、少农药栽培的技巧

9月的猕猴桃

　　下个月是即将迎来丰收的时期，所以本月可以说是一年中作业最少的一个月。完成引蔓、摘心、去除徒长枝等新梢的养护工作后，就可以休息一下了。之后，果实膨大的速度会逐渐放缓，最终长至可采收的大小，叶片生产出的糖等养分以淀粉等状态在果实中大量地积蓄。有些专业的种植者看重果实的售价和贮藏性，会在本月采收果实，但是重视口感的家庭种植建议等到10月以后再采收。

9月的风景　被新梢填满的棚架
春季长出的新梢各自伸展着，并填满了棚架上的空间。从7月开始（参考第56页），棚架便变得拥挤起来。

管理

🪣 盆栽

✳ **放置位置：向阳的户外**

　　放置在向阳的屋檐下就能既有光照，又可避雨。

🪣 **浇水：每天浇足水**

　　基本上每天都要浇足水，并且需浇到盆底流出水来为止。

⚁ **施肥：无须（此时施肥会影响果实的品质）**

🔼 庭栽

🪣 **浇水：在无降雨的时候**

　　在出现烧叶现象（参考第59页）或是约14天都没有降雨的情况下，要浇足水。

⚁ **施肥：无须（此时施肥会影响果实的品质）**

🪣🔼 防治病虫害

🎲 **人工防除病虫害，看情况喷药**

　　如果植株上有溃疡病或炭疽病等病害时，要人工去除病害部位。椿象类和叶蝉等害虫多发时，要喷洒噻虫胺水溶剂（喷洒2次）等杀虫剂。金龟甲类成虫大多是夜行性昆虫，所以宜在傍晚或清晨寻找并捕杀。

本月的主要工作

- (基本) 引蔓
- (基本) 摘心
- (基本) 去除徒长枝
- (基本) 防台风

🐛 害虫 椿象类　　注意度 ●●○

　　椿象类害虫会吸食果实的汁液，导致果实内部全部变成海绵状。因为这类昆虫具有夜行性，所以建议在傍晚和清晨寻找并捕杀。此外，在 6 月给果实套袋也是有效预防害虫侵食的办法。如果害虫多发，就要考虑在 6 月或 9 月喷药。

M.Miwa

M.Miwa

因为这类昆虫会从足跟附近放出异味，因此较难捕杀，套袋和喷药是比较有效的驱虫办法。上图为虫卵（孵化后）。

🐛 害虫 叶蝉　　注意度 ○

　　受害的叶片会从绿色褪为白色。虽然不必过于在意这类害虫，但在虫害较为严重的情况下，就需要喷洒噻虫胺水溶剂等杀虫剂，还能一并防治椿象类害虫。

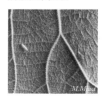

M.Miwa

猕猴桃叶蝉约 1 毫米长，雌性呈黄白色，雄性呈红色。其排泄物还会使叶片周围变黑，引发煤污病。

⬆️🗑️ 主要的工作

(基本) 引蔓、摘心、去除徒长枝 无农药

管理新梢

　　参考第 43、52 页。

(基本) 防台风

台风来临前要做好预防措施

　　参考第 57 页。

专栏

新梢的标准密度

　　当新梢在棚架、U 形爬藤架等支架上变得十分拥挤、密集时，就容易滋生果实软腐病等病虫害。需要做好引蔓、摘心、去除徒长枝等新梢管理工作，以避免枝条间过于拥挤。阳光能透过枝条和叶片隐约地倒映在地面上（下图）就是比较适宜的新梢密度。

M.Miwa

阳光透过枝叶间的空隙洒落在地面上。

○●● 注意度 3：须注意预防，一旦发生，就要考虑喷药应对。
○○● 注意度 2：须尽量处理。　　○ 注意度 1：无须特别在意。

10月

本月的管理

❄ 向阳户外的屋檐下
🪴 盆栽：盆土表面变干后要补充充足的水
　　庭栽：无须浇水
⚫ 无须施肥
🌀 预防贮藏病害

10 月的狝猴桃

当寒露来临，叶片早晚被露水浸湿后，新梢的生长才稳定下来，种植者也终于能从引蔓、摘心等打理新梢的工作中解放出来。

如果快，这个月就能开始采收果实。具体请参考第 11~15 页记载的各品种的采收期来确定何时采收。狝猴桃的采收期往往比其他果树要长。这里需要补充说明一下，天气寒冷会使果实受损，不耐贮藏，所以在降霜的地区一般要在降霜前完成果实的采收。

10 月的风景　迎来采收的红妃
由于红肉系品种和黄肉系品种的茸毛较少，所以很容易与海沃德等绿肉系品种区别开来。

管理

🪴 盆栽

❄ **放置位置：向阳户外的屋檐下**

放置在向阳的屋檐下就能既有光照，又可避雨。

💧 **浇水：盆土表面变干后**

每 2 天浇 1 次，浇水要充足，直到盆底流出水来为止。

⚫ **施肥：无须**

🌱 庭栽

💧 **浇水：无须**

⚫ **施肥：无须**

🗑🌱 防治病虫害

🌀 **预防贮藏病害**

采收的果实在贮藏、催熟过程中发生的病害称为贮藏病害。狝猴桃的主要贮藏病害为果实软腐病和灰霉病。如在每年都暴发的情况下，除 5~6 月外，还需在本月也喷洒杀菌剂，从而有效地防治此类病害。如患果实软腐病，推荐使用甲基硫菌灵可湿性粉剂（喷洒 2 次）等，灰霉病推荐使用异丙二酮可湿性粉剂（喷洒 2 次）等残效期短的药剂。

本月的主要工作

- 基本 采收
- 基本 贮藏
- 基本 催熟
- 挑战 种子的采集和保存

🦠 病害 果实软腐病　　注意度 ●●●

果实软腐病是指正在催熟的果实内部有直径为 1 厘米左右的腐烂部分的病害。因为一般在 6 月前后开始感染，所以在采收之前，需要做好引蔓、去除新梢和套袋等工作。冬季去除落叶和果梗，春季到秋季喷洒药剂也是有效防治此类病害的方法。

催熟过程中，若果实散发出独特的发酵气味，就要怀疑是否发病。轻轻按压果实表面，若有深深的凹陷，则表明果实已发病。

🦠 病害 灰霉病　　注意度 ●

灰霉病是指果实催熟过程中滋生灰色霉菌的病害。遭受雨淋的果梗周围较易发此病。冬季去除落叶，做好全面的新梢养护工作，保持光照充足和通风良好的环境条件，就能有效抑制此病发生。

如果病害不严重，就不用太过在意。只有在发病十分严重的情况下，才需考虑喷洒药剂。

⬆️🪣 主要的工作

基本 采收

采收红肉系品种

采收红、黄肉系品种的猕猴桃时，在不给植株增加负担、能确保果实不会因降雨而损伤的情况下，可尽量延长果实在树上的时间，这样能采收到更甜的果实。在家庭种植的情况下，也不要过早地采收果实，建议慢慢地等待采收。参考第 66 页的内容采收果实。

基本 贮藏

要长期保存的果实需冷藏保存

如果不能在 1 个月内吃完采收的果实，并想要长期保存，则需在催熟前冷藏果实（参考第 67 页）。不过，红、黄肉系品种不易久存，还是建议尽早食用。

基本 催熟

把猕猴桃和苹果一同装在塑料袋内催熟

参考第 68~69 页。

挑战 种子的采集和保存

取出种子保存

参考第 69 页。

●●●注意度 3：须注意预防，一旦发生，就要考虑喷药应对。
●●注意度 2：须尽量处理。　●注意度 1：无须特别在意。

63

基本 基本的农事工作

挑战 中、高级的尝试工作

无农药 无农药、少农药栽培的技巧

本月的管理

❄ 向阳户外的屋檐下

💧 盆栽：盆土表面变干后要补充充足的水

庭栽：需要在无降雨的时候浇水

施肥 须施肥

不喷药 尽量不喷药

---

11 月的猕猴桃

过了立冬，当日本的北方平原下起初雪时，除了红肉系品种和黄肉系品种外，绿肉系品种也逐渐迎来采收的旺季。果实遇霜冻或结冰会受损，所以在寒冷地区要想办法提前采收、套袋。若在树上长时间放置，虽然果实的品质会有所提高，但同时也会变得不易保存，所以具体采收期还需要根据自身经验来判断。

M.Miwa

11 月的风景　迎来丰收的海沃德

因为海沃德是主要在 11 月中旬前后迎来采收期的晚熟品种，所以注意不要让霜冰和结冰损伤果实。

管理

🪣 盆栽

❄ **放置位置：向阳户外的屋檐下**

放置在向阳的屋檐下就能既有光照，又可避雨。

💧 **浇水：盆土表面变干后**

每 3 天浇 1 次，浇水要充足，直到盆底流出水来为止。

施肥 **施肥：须施秋肥**

🌿 庭栽

💧 **浇水：无须**

施肥 **施肥：须施秋肥**

🪣🌿 防治病虫害

不喷药 **尽量不喷药**

病害和害虫出现的初期要人工或用其他方法去除。特别是由于溃疡病（参考第 45 页）和炭疽病（参考第 59 页）而掉落的叶片，可能会成为第 2 年病虫害暴发的源头，因此要在 12 月以后捡拾并处理好落叶（参考第 33 页）。因为此时已临近采收期，所以本月最好不要喷洒药剂，以免药物残留在果实上。

本月的主要工作

- 基本 采收
- 基本 贮藏
- 基本 催熟
- 基本 栽种、移栽

⚅ 秋肥（礼肥）

适期：11 月

夏肥（6 月）效果减弱后要在本月施秋肥。其主要目的是对长出果实但长势虚弱的植株进行少量施肥，使其恢复健康。因为也是对即将采收果实的植株表达感谢的肥料，所以也叫礼肥。落叶后施用会降低肥料的吸收量和利用率，所以即使有些品种的果实没有采收完，也要在 11 月上旬前后尽早施肥。

即使是秋肥，也要使用与夏肥相同的复合肥，并按照下表的施用量进行施肥。

不同栽培方式下的秋肥（复合肥①）的施用量

方式	花盆与树的大小		施肥量②
盆栽	花盆的大小 （号数③）	8 号	8 克
		10 号	12 克
		15 号	24 克
庭栽	树冠直径④	不足 1 米	25 克
		2 米	100 克
		3 米	225 克

① 复合肥中氮、磷、钾的含量均为 8%。
② 一般一把为 30 克，一撮为 3 克。
③ 8 号盆直径为 24 厘米，10 号盆直径为 30 厘米，15 号盆直径为 45 厘米。
④ 参考第 94~95 页。

⬆🪣 主要的工作

基本 采收、贮藏、催熟

采收旺季

参考第 66~69 页。

基本 栽种、移栽 无农药

宜从落叶的 11 月下旬前后开始

参考第 22~25 页和第 34~35 页。

专栏

从采收到食用的流程

催熟（参考第 68~69 页）是食用采收的果实的必要一步。但是，催熟是一种加速果实老化的现象，果实一旦催熟即使冷藏也很难保存，容易腐烂。因此，不要着急催熟不能立即吃完，并且保存时间超过 1 个月的果实（参考第 67 页）。

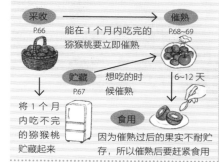

采收
P.66
→ 能在 1 个月内吃完的猕猴桃要立即催熟

催熟
P.68~69

贮藏
P.67
想吃的时候催熟

6~12 天

将 1 个月内吃不完的猕猴桃贮藏起来

食用
因为催熟过后的果实不耐贮存，所以催熟后要赶紧食用

65

采收 | 适期：10~11月

像葡萄和柑橘等水果，可以通过果皮的颜色等外观条件来判断采收期。但是猕猴桃就算到了采收期，其果皮的颜色和硬度也往往没有变化，无法通过外观来判断。

因此，专业的种植者有时会用糖度计（右图）等工具来客观判断猕猴桃的采收期，但家庭种植一般参考本书第11~15页所述的采收期即可。采收越早，果实的贮藏期就越长。一般来说，猕猴桃越晚采收口感越好，所以读者可以根据自己的喜好，在合理的范围内调整猕猴桃的采收期。家庭种植时，建议重视口感，晚一些采收果实。但是，在降霜的地区，要注意太晚采收容易让植株受损。

种植者会用糖度计测量果实的糖度，以便判断果实的采收适期。红、黄肉系品种可采收时的糖度一般为9%，绿肉系品种为6.5%。催熟后糖度会进一步提高。

到了采收期，树上的果实要一齐采收。

采收的步骤

把果实拧下来

一些猕猴桃品种在到了最佳采收期时，需将树上的所有果实一齐采收。摘果时，要轻轻地握住果实并将其拧下来。

从果梗上摘下果实

猕猴桃果实很容易脱落和采收，而枝条上残留的果梗需等到修剪后去除（参考第33页）。

基本 贮藏 | 适期：10~12 月

如果能在 1 个月内吃完，就不需要贮藏果实，可立即催熟（参考第 68~69 页）。但是 1 个月内吃不完的果实，要参考本页内容，在催熟前贮藏果实。具体的贮藏要点如下。

A：避免果实受伤

受伤的果实会产生气态乙烯（参考第 68 页），开始催熟后很快就会腐烂。因此，有伤口的果实不要贮藏，应及时催熟食用。在贮藏过程中如果有果实得果实软腐病（参考第 63 页），要及时去除。

B：果实保湿

用塑料袋装果实，密封的状态下能有效保湿，以防果实变干。如果可以，最好每个果实分开包装（右图）。

C：低温处理

为了抑制果实进行的呼吸等生命活动，需要让果实保持较低的温度。猕猴桃的最佳贮藏温度在 4℃ 左右，温度过高，果实容易腐烂；温度过低，果实又会被冻坏。一般家庭冰箱的冷藏柜就是贮藏猕猴桃的最佳选择。如果冰箱放满了东西，没地方放果实时，也可以贮藏在避开雨水和阳光直射不到的玄关、阳台屋檐下等凉爽的地方，这样可以让猕猴桃贮藏得久一些。

A：避免果实受伤
果实生长过程中是难免有些外伤的，但也要尽量避免因果实间的碰撞造成的损伤。

B：果实保湿
猕猴桃需要放在塑料袋里保湿。如果将更多的果实一起放入同一个袋子里（上图左），其中受伤的果实就会产生乙烯，加速催熟周围正常的果实，因此如果可以，最好是单个装（上图右）。

C：低温处理
如果在冰箱的冷藏柜内贮藏良好，海沃德可以贮藏 3~6 个月。

狝猴桃果实不会在树上成熟，刚采收时一般都又硬又酸（也有例外）。如果采收后果实上没有伤口，乙烯这种催熟所必需的气态植物激素就几乎不会从果实中产生。

因此，需要将狝猴桃和苹果一起放入塑料袋内，通过苹果产生的乙烯催熟果实。一般的催熟期如下：红肉系品种和黄肉系品种为 6 天左右，绿肉系品种为 12 天左右。也可以在采收期前后，用大拇指轻轻按压果实测试硬度，或试吃果实来判断是否成熟。

催熟前

催熟后

上图为催熟前后的海沃德。催熟前果肉颜色偏浅而硬，含糖量低且酸味强。催熟后，淀粉和酸被分解，含糖量增多酸味减少，果肉变软，颜色变深。

催熟的步骤

1

只催熟马上就吃的果实

只选择催熟马上吃的果实。1个月内吃不完的果实，建议先贮藏，不要着急催熟（参考第 67 页）。

2-2

虽然苹果中的津轻和王林等品种的乙烯产量较多，但催熟所需的乙烯量要求不多，所以任何品种的苹果都可用来催熟狝猴桃。

2-1

和苹果密封在一起

在塑料袋里放入苹果和狝猴桃，然后密封包装。比例标准是 1 个苹果配约 10 个狝猴桃。催熟的适宜温度为 15~20℃。

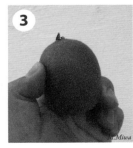

3

确认熟度

6~12 天完成催熟。采收期越早，果实的催熟时间越长。用拇指轻轻地按压果实，如果是凹进去的，就表明催熟成功。也可以通过试吃来确认果实成熟与否。

果实很多时的催熟方法

对于专业的种植者来说，很多果实都需要上市销售，基本上不会使用第 68 页所述的方法，即用苹果来催熟猕猴桃。如右图所示的乙烯引发剂可代替苹果进行催熟。同类商品可在线上购买，在家庭栽培中，如果果实大丰收也可以试用此商品。

一些大规模生产猕猴桃的种植者在催熟大量的果实时，有时会利用装在气瓶中的气态乙烯。

NP-H.Iigai

市面上有一种乙烯引发剂，一接触空气就会产生乙烯。与苹果相比，该产品更能将猕猴桃均匀催熟。

NP-H.Imai

挑战 种子的采集和保存

从果实中取出猕猴桃的种子后，不要立即播种，否则会很难发芽。这是因为种子之前一直处于低温状态，如果不从休眠状态中醒来，就会很难发芽。

因此，播种时可以参考下图，在

秋冬季节食用果实时采集种子，洗净晾干后放入冰箱贮藏 2 个月以上，通过低温处理让种子从休眠中苏醒过来，就能有效地提高发芽率。贮藏的种子宜在 3 月播种（参考第 40 页）。

NP-M.Fukuda

从果实中取出种子，用水洗净后晾晒 1 天左右。

NP-M.Fukuda

将种子用纸包好后放入空瓶等容器内，接着放在冰箱冷藏保存。

12 月

- ❋ 向阳的户外
- 🪴 盆栽：盆土表面变干后要补充充足的水
  庭栽：无须浇水
- ▦ 无须施肥
- 🐛 驱除越冬病虫害

基本 基本的农事工作

挑战 中、高级的尝试工作

无农药 无农药、少农药栽培的技巧

12 月的猕猴桃

当采收完成并落叶时，猕猴桃植株便进入了休眠期。12 月 ~ 第 2 年 1 月，植株处于深度休眠状态，即使天气暂时回暖，植株也不会长出新梢，在这段低温时期，植株是不会从休眠中醒来的，这种状态被称为自发休眠。建议修剪、种植、移栽等工作都尽量在自发休眠期间进行。第 33 页中介绍的驱除越冬病虫害的工作，也最好在严寒的 12 月 ~ 第 2 年 1 月进行。

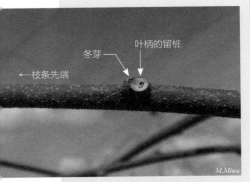

M.Miwa

12 月的风景　落叶后的休眠枝（结果母枝）图中心的白色圆形部分是带有叶柄（连接叶片和枝条的柄部）的留桩，其左边稍微隆起的部分是冬芽。

管理

🪣 盆栽

❋ **放置位置：向阳的户外**

　　在寒冷地区（温度低于 −7℃ 的地方），要做好相应的防寒措施（参考第 71 页），并且要注意植株处于休眠（参考第 92 页）状态。

🪴 **浇水：盆土表面变干后**

　　每 5 天浇 1 次，浇水要充足，直到盆底流出水来为止。

▦ **施肥：无须**

🌱 庭栽

🪴 **浇水：无须**

▦ **施肥：无须**

🪣🌱 防治病虫害

🐛 **驱除越冬病虫害**

　　虽然没有新出现的害虫，但在越冬期间发现介壳虫（参考第 31 页）时，要用牙刷或其他东西擦拭掉。另外，还可参考第 33 页的内容来消灭越冬时期的害虫。同时，还应去除在贮藏和催熟过程中发生贮藏病害（参考第 62~63 页）的果实。

本月的主要工作

- 基本 栽种、移栽
- 基本 防寒
- 基本 修剪

2月

3月

4月

5月

6月

7月

8月

9月

10月

11月

12月

⬆️🪴 主要的工作

基本 栽种、移栽 [无农药]

**宜在种子休眠期进行，寒冷地区宜在
3月进行**

参考第22~25页和第34~35页。

基本 防寒适期：12月

在寒冷地区，防止植株因寒冷而受损

应避免将植株种植在温度低
于-7℃的地方，如需在温度低于-7℃
的寒冷地区种植，就要采取一些防寒
措施。比如，考虑好盆栽的放置位置等，
不过要注意，如果将植株放置在7℃
以上过于温暖的地方，可能会导致植
株患睡眠症（参考第92页）。庭栽
的情况下，从容易积存寒气的地面起，
要用稻草和无纺布等缠绕植株到约70
厘米的高度，将其保护起来。生长还
不足4年的幼树，尤其怕冷，更要做

好防寒的工作。到了4月前后，等天
气回暖后，就可以不用防寒了。

基本 修剪 [无农药]

每年都需要修剪

参考第72~85页。

将稻草缠绕在
庭栽的幼树上，
以便防寒。

专栏

修剪适期

修剪枝条的适期是落叶后的12
月至第2年萌芽前的2月。在休眠
期修剪枝条，可以防止树液从切口
处流出导致枝条枯萎。

错过了修剪适期虽然没什么大
问题，但在树液频繁流动的3月前
后修剪，就会出现如下图所示的现
象，树液容易不断地流出，导致枝
条枯萎，甚至影响新梢生长。

树液从枝条上流出的瞬间。一段时间后，
切口就会沾上白浊的胶状物质。

基本 **修剪** 无农药	适期：12 月 ~ 第 2 年 2 月

管理工作中难度最大的就是修剪枝条了。熟练修剪的诀窍就是不怕失败，开始学习时，可以先模仿别人进行修剪，然后观察新梢的生长和结果情况。下面就讲解一下在实际修剪枝条前需要了解的内容。

修剪前要了解的小知识 1 枝条的伸展方式和果实生长的位置（结果习性）

在修剪的过程中，最重要的是要了解枝条（新梢）是如何生长的，果实长在新梢的哪一部分，以及它们的规律性（坐果习性）。冬季，猕猴桃植株从枝条先端长出 3~5 个新梢，并在其叶片基部附近坐果（下图，还可参考第 27 页）。坐果的新梢（结果枝），只从刚落叶的结果母枝上的冬芽中长出。为了让未来长出的果实不会太过拥挤密集，必须确保冬季枝条的先端有新梢伸展的空间。

因为 1 个枝条在 1 年内会增加 3~5 个新梢，甚至更多。如果是一株成龄树，在棚架、U 形爬藤架上已没有多余空间的情况下，就需要对植株进行修剪，使枝条数量减少到原来的 1/5~1/3。

另外，与果梗相比，一些老枝的基部在第 2 年春季更不容易长出新梢，而基部没有新梢就容易多出无用的空间。对此，就需要如下图所示，进行疏剪（参考第 76 页），尽量用周围的突长枝（徒长枝）替代老枝，或者进行缩剪（参考第 78 页），以防止坐果部位过度向树的顶端方向转移。

猕猴桃的坐果习性

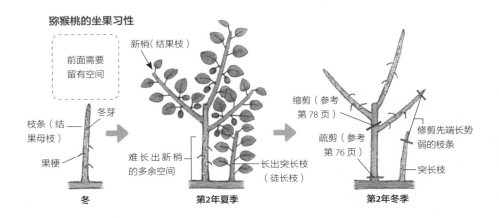

前面需要留有空间

新梢（结果枝）

枝条（结果母枝）
冬芽
果梗

难长出新梢的多余空间

长出突长枝（徒长枝）

缩剪（参考第 78 页）

疏剪（参考第 76 页）

修剪先端长势弱的枝条

突长枝

冬　　　　　第 2 年夏季　　　　　第 2 年冬季

基本 基本的农事工作 → 挑战 中、高级的尝试工作 无农药 无农药、少农药栽培的技巧

修剪前要了解的小知识 **2** **根据品种选择修剪方式**

　　品种按果肉的颜色大致可分为红色、黄色、绿色3类，红、黄肉系品种与绿肉系品种相比，枝条数量多，枝条长度短（下图），树势易变弱。因此，对于红、黄肉系品种来说，应选择疏剪（参考第76~77页）和缩剪（参考第78页）的修剪方式，以减少枝条的数量，并根据品种，决定短截（参考第79页）的长度。红、黄肉系品种容易得溃疡病，因此，从防治病虫害的层面上看，减少枝条数量和缩短枝条长度等修剪工作都是栽培红、黄肉系品种猕猴桃的重要步骤。

右图的红妃为代表性的红肉系品种。与绿肉系品种相比，红、黄肉系品种的枝条数量较多，每个枝条的长度相对较短。所以红、黄肉系品种若持续数年不修剪，就会长出许多细小而短的枝条，使树势变弱、坐果量减少和果实品质变差。

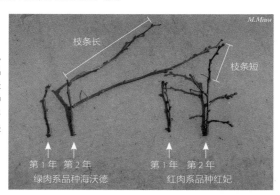

修剪前要了解的小知识 **3** **控制雄株的长势**

　　雄株不坐果，树势往往比雌株强（参考第8页）。而在人工授粉时，只需雄株的少量花粉即可，雌株和雄株的长势比宜保持在9∶1左右。如果采用棚架式栽培等方式将雌、雄株种在一起，则要尽量控制雄株的长势。具体来说，在引蔓时，可将雄株的枝条引到棚架的边缘，或者在修剪时优先剪掉妨碍雌株生长的雄株枝条（参考第74~75页）。

雌株和雄株的空间占比

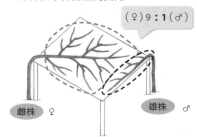

为了不影响雌株的生长，将雄株的枝条引缚到棚架的边缘，雌株和雄株的空间占比以9∶1为宜。棚架式栽培也可以只把雌株枝条引缚到整个棚架上，雄株单独作为盆栽。

棚架式栽培（全背式栽培）的修剪方法

栽种 3 年后的幼树

将枝条引缚到空旷的空间，并把枝条均衡地铺在整个棚架上。虽然剪掉的枝条数量和比例比成龄树的要少，但修剪时的要求和成龄树一样，需要将密集的枝条、向正上方生长的突长枝，或个别枝条的顶端剪掉。以雌株为主角，雄株的枝条需低调地引缚到棚架的角落。3 年后便可以采收果实。

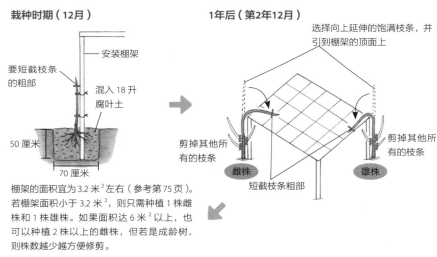

栽种时期（12月）

安装棚架

要短截枝条的粗部

混入 18 升腐叶土

50 厘米

70 厘米

棚架的面积宜为 3.2 米² 左右（参考第 75 页）。若棚架面积小于 3.2 米²，则只需种植 1 株雌株和 1 株雄株。如果面积达 6 米² 以上，也可以种植 2 株以上的雌株，但若是成龄树，则株数越少越方便修剪。

1年后（第2年12月）

选择向上延伸的饱满枝条，并引到棚架的顶面上

剪掉其他所有的枝条

剪掉其他所有的枝条

雌株　雄株

短截枝条粗部

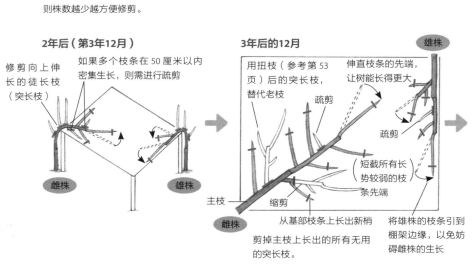

2年后（第3年12月）

修剪向上伸长的徒长枝（突长枝）

如果多个枝条在 50 厘米以内密集生长，则需进行疏剪

雌株　雄株

3年后的12月

雄株

用扭枝（参考第 53 页）后的突长枝，替代老枝

伸直枝条的先端，让树能长得更大

疏剪

疏剪

短截所有长势较弱的枝条先端

将雄株的枝条引到棚架边缘，以免妨碍雌株的生长

主枝

缩剪

从基部枝条上长出新梢

剪掉主枝上长出的所有无用的突长枝。

雌株

专栏

棚架上的标准枝条数量

休眠枝（结果母枝）的数量以棚面每平方米留 2 个左右为标准（不包括不足 10 厘米的短枝和雄株的枝条）。比如，下图的棚架面积为 3.2 米^2，所以要留下 7 个左右的枝条。如果把枝条减少到这个标准数量，棚架就会变得空荡荡的，一些初学者便会担心枝条数量太少。但其实不必担忧，因为到了春季，1 个结果母枝上能长出 3 个以上的新梢（结果枝），主枝和亚主枝等粗壮的枝条也能长出很多徒长枝（突长枝，参考第 52、76 页）；夏、秋季的新梢数量还会是刚修剪后的 3 倍以上，可以采收 60 个以上的果实。即使修剪下许多枝条，之后也能像第 80 页图中 8 月的植株一样，在棚架上长满新梢，所以读者无须有顾虑，可以大胆地修剪枝条。

4 年以后的成龄树

因为整个棚架都被枝条填满了，所以要注意进行❶疏剪（参考第 76~77 页）和❷缩剪（参考第 78 页），在枝条周围留出空间。修剪的关键是要好好利用基部附近的枝条和徒长枝（突长枝），并❸短截（参考第 79 页）剩余的枝条，以促进新梢的健康生长。

4年以后

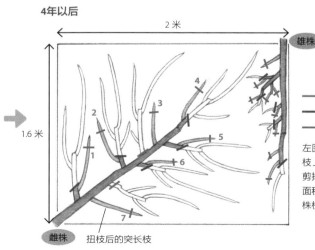

— 疏剪

— 缩剪

— 短截

左图中虽没有记载，但需要将主枝上长出的所有无用的突长枝剪掉。

面积达 3.2 米^2 的棚架上留下的雌株枝条为 7 个。

※ 没有计算短枝数

棚架式栽培的修剪方法

❶ 疏剪

　　将不需要的枝条从基部剪掉，这种修剪方法叫疏剪。疏剪一般用于修剪生长到秋季的 1 年生枝（结果母枝和徒长枝），此外还用于清除 2 年生和多年生枝（右上图）。红、黄肉系品种与绿肉系品种相比，枝条数量往往会更多，因此要注意做好疏剪，尤其是要剪掉一些徒长枝。

　　在夏季，从植株的主枝和亚主枝的粗枝上侧会突然长出许多新梢，这些新梢在日本又被称为突长枝（右中图）。突长枝大多是向正上方伸展的又粗又长的徒长枝，没有什么利用价值，所以要从基部将整个枝条剪掉。但其也有如下用途，即替代老枝坐果。

　　如果一个枝条生长了 2 年以上，它的基部附近的结果母枝将会逐渐消失，并逐渐形成一个无用的空间，不能被有效利用（右下图）。因此，在冬季修剪时，可选择突长枝中相对较细且斜向伸长的枝条，采用第 53 页所述的扭枝法下压、引蔓，便可有效地利用突长枝。扭枝和引蔓成功后，如右下图所示，将老枝集中剪掉，用突长枝替代原来的老枝坐果。

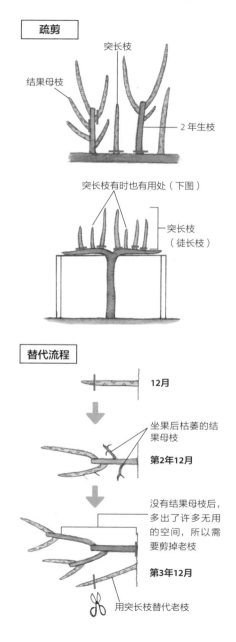

疏剪

突长枝

结果母枝

2 年生枝

突长枝有时也有用处（下图）

突长枝（徒长枝）

替代流程

12月

坐果后枯萎的结果母枝

第2年12月

没有结果母枝后，多出了许多无用的空间，所以需要剪掉老枝

第3年12月

用突长枝替代老枝

在疏剪中应该优先剪除哪些不需要的枝条呢?

不需要的枝条如下图所示。因为保留这些枝条会影响植株的生长,所以要优先剪除这些枝条。

突长枝(徒长枝)

从粗枝(主枝或亚主枝)的上侧长出的枝条,多数为徒长枝。除了个别可通过扭枝更替老枝的枝条外,其他所有的突长枝都需要整个剪掉。

老枝

如果果枝条生长多年,成了老枝,这类枝条不会从基部附近生长出分枝,坐果部位减少,会影响到果实的产量。因此,最好用附近新长出来的突长枝替代老枝。

枯枝

枯枝没有什么用处,甚至可能会藏有果实软腐病的病原菌,所以一旦发现就要剪掉。其特征是轻轻弯曲就能折断。

交叉枝

是指与周围的枝条相互交叉的枝条。因为这类枝条容易因刮风导致枝条间摩擦受损,所以需要把其中的一个剪掉。

77

棚架式栽培的修剪方法

❷ 缩剪

栽培不到 3 年的幼树（参考第 74 页），会积极地生长枝条，填补棚架的空余空间。之后像第 75 页所述的那样，成为一株成龄树。到那时，棚架就会被枝条填满。这种情况下，就要如右图般在分枝集中的地方剪掉几个枝条。让植株恢复到以前的大小，这种修剪方法叫作缩剪。

在棚架式栽培中，随着植株生长，整个棚架会被枝条填满，令枝条没有空余空间生长。因此，修剪时需要在结果母枝的前方预留 0.5~1 米的空余空间，这就要用缩剪法让植株变小。在使用小型家用棚架或 U 形爬藤架的情况下，缩剪工序就显得尤为重要。但如果长出了徒长枝，如第 76 页所示，则要优先剪掉徒长枝。

在进行缩剪时，如果修剪得不够干脆利落，枝条留桩过长，就容易导致枝条枯萎，树势变弱。因此，无论是缩剪还是第 76~77 页介绍的疏剪，都要把枝条修剪干净。

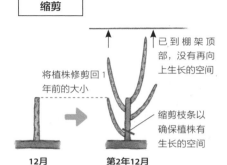

缩剪

将植株修剪回 1 年前的大小

已到棚架顶部，没有再向上生长的空间

缩剪枝条以确保植株有生长的空间

12月　　　第2年12月

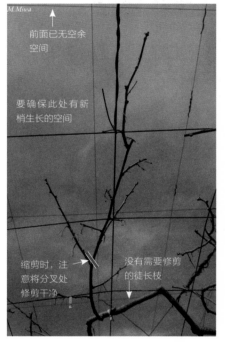

前面已无空余空间

要确保此处有新梢生长的空间

缩剪时，注意将分叉处修剪干净

没有需要修剪的徒长枝

当周围没有需要修剪的徒长枝时，在如上图所示的绿线处缩剪枝条，以确保新梢有向上伸长的空间。

❸ 短截

若在休眠枝（结果母枝）的中间截断，第 2 年长出的新梢会比较粗壮，枝条的基部也能长出新梢。猕猴桃和柑橘、柿类果树不同，即使剪掉一半以上的枝条也不会减少果实的采收量，所以可根据经过疏剪、缩剪后留下的枝条情况进行精修。

根据有无果梗判断修剪的长短

有果梗的枝条会在临近的秋季坐果。这类枝条比坐过果的枝条更难在基部长出冬芽，即使到了第 2 年春季也很难长出新梢。因此，最好从最顶端的果梗起，保留向上 3~6 节（芽）长的枝条，并将其余部分剪掉。若没有果梗的枝条剪得太短，之后长出的新梢可能会成为徒长枝，所以可以稍微保留得多一些，以保留 7~11 节的长度为宜。

不同品种的修剪长度不同

与绿肉系品种相比，红肉和黄肉系品种分枝数量更多，但也因此，枝条长势会变弱（参考第 73 页），所以需要修剪以调整枝条数量（冬芽数量）（右图），从而让新梢恢复长势。

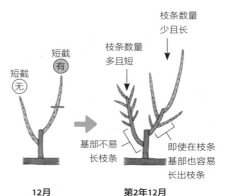

12月   **第2年12月**

左图是有果梗的绿肉系品种海沃德的枝条，因此要从最先端的果梗起保留 5 节长的枝条，多出的长度要剪掉。建议从冬芽之间修剪。

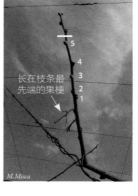

● **长有果梗的枝条**

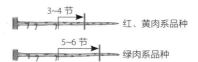

● **没长果梗的枝条**

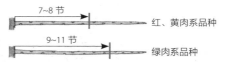

修剪前后和坐果时棚架的样子

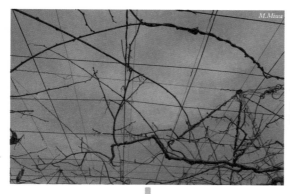

1月修剪前的样子。有的地方枝条有些重叠，显得很拥挤。

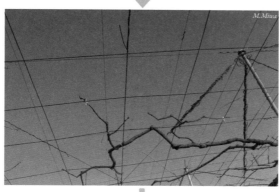

1月修剪后的样子。每平方米的结果母枝数达到2个左右。将其余枝条先端全部剪掉或引缚到棚架上。这样就看起来空旷许多。

修剪后7个月（8月），枝条在棚架上坐果的样子。1月修剪后变得空旷的棚架重新被新梢填满。

U 形爬藤架式栽培的修剪

栽种 1 年后

栽种时进行引蔓，使枝条呈螺旋状生长，这样可以让植株基部长出新梢。栽种当年枝条基本上是不会坐果的。冬季修剪时，优先保留 2~4 个靠近植株基部的枝条，并将枝条先端按照第 78 页所述的方法进行缩剪（下图①），让植株体积变小一些。然后将余下的枝条参考第 79 页所述的方法进行短截（下图②）后，将枝条引缚到 U 形爬藤架的低处。

栽种时进行引蔓后，枝条呈螺旋状生长的苗木。

● 栽种 1 年后的修剪步骤

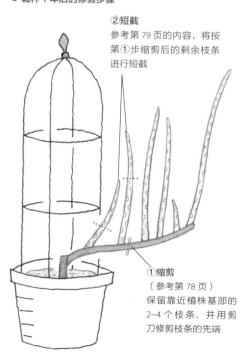

②短截
参考第 79 页的内容，将按第①步缩剪后的剩余枝条进行短截

①缩剪
（参考第 78 页）
保留靠近植株基部的 2~4 个枝条，并用剪刀修剪枝条的先端

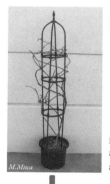

修剪前

栽种 1 年后，植株修剪前的样子。

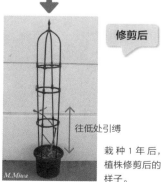

修剪后

往低处引缚

栽种 1 年后，植株修剪后的样子。

栽种 2 年后

栽种 2 年后，枝条上才开始正式坐果。修剪时剪掉引蔓用的绳子，留 2~4 个靠近植株基部的长枝条（25 厘米以上）。如果修剪后空出的空间内长出短枝，要将之保留下来。等修剪完所有的枝条后，将保留下来的枝条往下方引缚，即可大功告成。

● 栽种 2 年后的修剪步骤

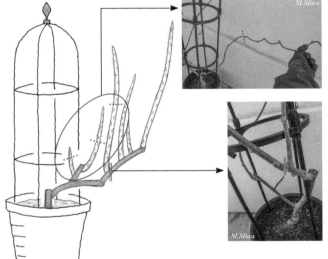

②短截

把剩下的枝条全部短截，可以参考第 79 页的内容进行修剪。

①缩剪

剪掉引蔓用的绳子，解绑枝条，留下靠近植株基部的 2~4 个枝条，然后尽快缩剪枝条的先端（参考第 78 页）。空出的空间内如果有短枝，要将之保留下来。

修剪前

栽种 2 年后，植株修剪前的样子。

修剪后

往低处引缚

栽种 2 年后，植株修剪后的样子。

其他栽培方式的修剪

栅栏式栽培的修剪

栅栏式栽培的缺点是会让枝条向上徒长，容易导致植株基部和下侧的枝条长势变弱。因此，栽培的关键是将枝条斜向上引蔓，并抑制新梢的伸展。其他的修剪方法和棚架式栽培的修剪方法一样。

● 栽种 1 年后（第 2 年 12 月）

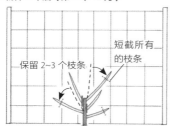

保留 2~3 个枝条

短截所有的枝条

● 2 年后（第 3 年 12 月）

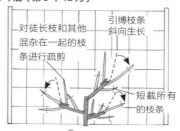

对徒长枝和其他混杂在一起的枝条进行疏剪

引缚枝条斜向生长

短截所有的枝条

● 3 年后的 12 月

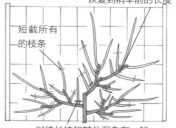

当枝条长到了栅栏的顶端时，要缩剪枝条使其恢复到稍早前的长度

短截所有的枝条

对徒长枝和其他混杂在一起的枝条进行疏剪

拱门式栽培的修剪

拱门式栽培容易造成植株基部的枝条长势变弱，修剪时要将枝条剪短到靠近植株基部的位置，促进新梢生长，防止新梢集中生长在先端附近。不过想让植株维持在较低高度还是挺有难度的，所以这种栽培方法可以说是高手级别的。

● 1 年后（第 2 年 12 月）

短截所有的枝条

短截所有的枝条

疏剪枝条，仅保留 2~4 个

疏剪枝条，仅保留 2~4 个

雌株

雄株

● 栽种的时候

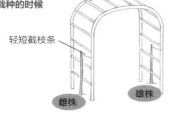

轻短截枝条

雌株

雄株

● 2 年后（第 3 年 12 月）

缩剪枝条，降低植株的高度

因为在植株基部附近很难长出枝条，所以要通过短截等修剪方法促进新梢的生长

缩剪枝条，降低植株的高度

控制雄株枝条的数量，使其比雌株的长势弱

雌株

雄株

雌株

83

专栏

如何修剪放任生长的植株

狝猴桃的新梢数量非常多，仅几年没有修剪，枝条就会变得如同丛林般重叠交错（右图上）。一旦放任其生长，枝条布局不仅会变得十分复杂，在老枝周围也很难长出可更新替代老枝的突长枝（徒长枝，参考第52、76页），即使由专业种植者或专家进行修剪，要让植株恢复到正常状态也需要花上3~4年，而且几乎不可能完全恢复原状。因此，平时勤于修剪才是最好的解决办法。

一些多年没有打理的植株，只有花上几年才可以设法将其尽可能地恢复到正常状态。棚架内放任生长的植株，从下向上看，枝条层叠交叉，空间显得非常拥挤（右图中）。打理时，首先要把重叠的枝条拉长，像右下图那样修剪出空间。每平方米棚面的结果母枝数以2个为标准（参考第75页），最好在结果母枝中选择保留长而粗的枝条，并短截留下的枝条的先端（参考第79页）。

通过修剪，随着枝条数量的减少，光照条件也逐渐得到改善，从第2年夏季开始，就能长出饱满的突长枝，可以更新枝条（参考第76页），植株就能慢慢地恢复生机，增加坐果量。

3年未修剪的植株的外观。在棚架上的枝条层叠交错。

修剪前的样子。从棚架下向上看到的放任生长的植株的模样。

修剪后的样子。通过对交叉重叠的枝条进行疏剪，枝条变得错落有致。

修剪后的工作

1. 在切口处涂抹愈合剂

修剪完所有的枝条后，要在切口的截面涂上市面销售的愈合剂，目的是帮助植株堵住切口，防止病原菌入侵。凡是直径达1厘米以上的切口都要涂抹愈合剂。如果切口较大，还可以用刷子等涂抹药剂，这样会比较方便。

市面上有多种愈合剂销售。

2. 引蔓

修剪完的枝条，要用绳子引蔓，使枝条依靠到棚架或U形爬藤架上。如果不进行引蔓，枝条会因果实重量而下垂，还有可能被强风吹折。另外，通过引蔓还可以把枝条移动和固定在想要的地方，打造出理想的外观。引蔓时，需要将1个枝条引缚到多个定点，以防止枝条晃动。

因为枝条会慢慢变粗，为了防止绳子陷入枝条内，每年都要将用于引蔓的绳子剪下来，并用新绳重新系好。

3. 修剪果梗

果梗有可能是果实软腐病等病原菌的栖身之地，因此要参考第33页的方法将其剪掉。

4. 修剪枝条

请参考第33页的内容，将需要修剪的枝条处理掉。将修剪下来的枝条切段，并将其密封在塑料袋里，放在冰箱里冷藏保存，日后还可用于扦插或嫁接。

将作为扦插、嫁接用的插穗、接穗保存起来。

为了更好地培育

下面就介绍日常栽培中的一些重要工作，即病虫害的防治方法、植株的放置位置、浇水、施肥工作等内容。读者可一边参考 12 个月栽培月历（参考第 27~85 页）的内容，一边学习下面的培育诀窍，相信能帮助读者对猕猴桃栽培有更深入的了解。

病虫害的防治方法

平时就要注意做到的预防方法

- **驱除越冬病虫害（参考第 33 页）**
  冬天去除落叶，修剪枝条、果梗、枯枝，刮除粗皮。
- **套袋（参考第 50 页）**
  疏果后，将 6 月保留下来的果实套上市面销售的果袋。
- **进行全面的新梢管理和修剪（参考第 43、52~54、71~85 页）**
  注意做好引蔓、摘心、去除徒长枝等新梢管理和冬季修剪工作，避免春、秋季因新梢拥挤造成光照和通风不良。
- **盆栽要放置在屋檐下（参考第 92 页）**
  从春季到秋季，盆栽要尽量放在屋檐下等能避雨的地方。
- **浇水要对准植株基部（参考第 93 页）**
  植株浇水不当容易引发疾病，所以要对准植株基部浇水。
- **喷洒预防病虫害的药物（参考第 87 页）**
  如果每年都有固定的病虫害发生且无法控制，可以考虑在病虫害发生前喷洒第 87 页所列的药物。
- **及早发现异常**
  进行浇水等工作时要仔细观察植株，以便尽早发现病虫害。

病虫害发生时的处理方法

❶ 确定病虫害的名称
根据第 88~91 页的图片和其他资料来确定是什么病虫害。

❷ 先人工去除病虫害
尽可能地用筷子、牙刷、手等去除病虫害的发生部位。

❸ 喷药是防治病虫害的撒手锏
当病虫害十分严重时，就要考虑喷洒药剂了。参考①法确定好病虫害的名称，然后参考第 87、89、91 页的表格选择药剂，尽量在发生病虫害的初期喷洒药剂。若等到病虫害蔓延后再喷洒，效果就没有那么理想了。

猕猴桃主要病虫害的发生时期和防治对策

以日本关东地区为例

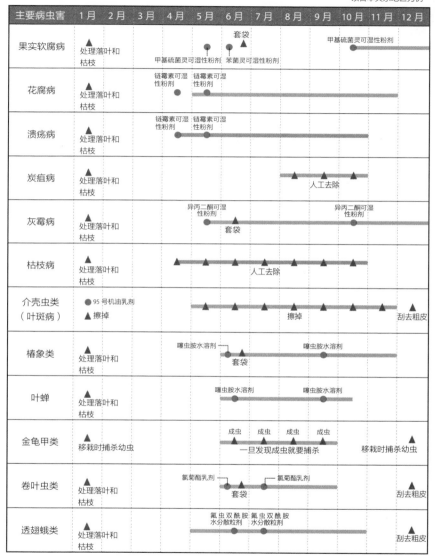

注：1. 因为登记内容（资料更新时间为 2021 年 8 月）随时更新，所以要参考最新的农药登记信息。

2. 药剂的稀释倍数、使用量、使用时期、使用总次数等，要遵守药剂使用说明书中的内容。

3. 药剂要在无风或风小的天气状况下使用，并有专业的工作服和装备，不要使药剂沾到皮肤上。

87

病害

花腐病 →参考第 45 页 🌼🌼

其特征是开花时期，雌花的雌蕊周边发生褐变。严重时会落花，果实上会长出竖纹。除冬季清除落叶、枯枝等办法外，最好还要及时清除发病花朵。如果每年都发病，则要考虑分别在 4 月和 5 月喷洒 1 次杀菌剂。

枯枝病 →参考第 49 页 🌼🌼🌼

这是一种从春季到秋季，都会让新梢上的部分叶片凋零、植株枯萎的病害。除去掉病害部位外，也要做好果实软腐病的防治工作。

果实软腐病 →参考第 63 页 🌼🌼🌼

这是一种让果实部分腐烂的麻烦病害，在家庭种植中也容易发生，所以要多加注意。主要在催熟过程中发病，如果塑料袋中的果实有发酵气味，就要找出发病变软的果实，并将其去除。此病害往往在 5~6 月、果实仍处于幼果时就开始感染。除冬季去除落叶、枯枝、果梗等办法外，疏果后套袋也是有效防治此病害的办法。如果仍不能控制病情，可以分别在 5 月、6 月、10 月喷洒 1 次杀菌剂。

溃疡病 →参考第 45 页 🌼🌼🌼

这是一种会让叶片上出现黄斑、植株枯萎的病害。除冬季拾捡落叶外，4 月和 5 月喷洒 2 次杀菌剂也是有效防治此病害的办法。

◎◎◎ 注意度 3：须注意预防，一旦发生，就要考虑喷药应对。
◎◎ 注意度 2：拖延不管会让问题更加严重，因此须尽早处理。
◎ 注意度 1：如果不严重就不必特别在意。

炭疽病→参考第 59 页 ◎◎

褐色斑点出现在叶片上，严重时会蔓延到整个叶片，导致落叶。要想防治此病害，最好全面清除落叶和受害部位。

灰霉病→参考第 63 页 ◎

贮藏和催熟的过程中，果实会长出白色菌丝，进而腐烂。要想防治此病害，除冬季拾捡落叶外，还要进行全面的新梢养护工作。

在猕猴桃上可应用的杀菌剂（只列出了已进行农药注册登记的品种）

药剂名	病名				
	果实软腐病	花腐病	溃疡病	炭疽病	灰霉病
甲基硫菌灵可湿性粉剂	○				
苯菌灵可湿性粉剂	○				
甲基硫菌灵可湿性粉剂（家庭园艺专用）	○				
百菌清可湿性粉剂	○				
链霉素可湿性粉剂[1]		○	○		
异丙二酮可湿性粉剂[1]	○				○

注：1. 因为登记的内容（资料更新时间为 2021 年 8 月）会随时更新，所以建议参考最新的农药登记信息。
　　2. 药剂的稀释倍数、使用量、使用时期、使用总次数等，要严格遵守药剂使用说明书中的内容。
　　3. 药剂要在无风或风小的天气状况下使用，并有专业的工作服和装备，不要使药剂沾到皮肤上。
[1] 因为很难在园艺店等处买到，所以可以在面向专业种植者的店铺或线上商店（有相关资质的店铺）购买。

虫害

叶蝉 →参考第 61 页

叶片汁液被害虫吸食而使叶片变成白色。只要数量不多，就不用太担心。

卷叶虫类 →参考第 57 页

除叶片会被侵食而反卷外，果实也会被此害虫侵食，所以要多加注意。

透翅蛾类 →参考第 57 页

如果从枝条上冒出粪便，则可怀疑植株上有透翅蛾类的幼虫。

介壳虫类 →参考第 31 页

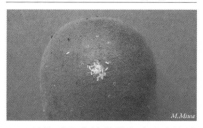

植株或果实被此类害虫吸食汁液而使长势变弱。除了可用牙刷等擦除外，冬天喷洒机油乳剂也有很好的驱虫效果。

金龟甲类 →参考第 59 页

成虫会将叶片吃成网状，幼虫会侵食植株根部。所以在盆栽的情况下，要多注意幼虫，最好在移栽时清除。

椿象类 →参考第 61 页

如果在 6~7 月此害虫多发，有可能会导致落果。因此，建议在疏果后的 6 月给果实套袋，可有效防治此类害虫。

在猕猴桃上可应用的杀虫剂（只列出了已进行农药注册登记的品种）

药剂名	害虫名					
	介壳虫类	椿象类	叶蝉	金龟甲类	卷叶虫类	透翅蛾类
95 号机油乳剂（机油乳剂）	○					
噻虫胺水溶剂		○	○			
噻虫胺溶液		○				
氯菊酯乳剂		○			○[2]	
氟虫双酰胺水分散粒剂[1]					○	○

注： 1. 因为登记的内容（资料更新时间为 2021 年 8 月）会随时更新，所以建议参考最新的农药登记信息。
　　2. 药剂的稀释倍数、使用量、使用时期、使用总次数等要严格遵守药剂使用说明书中的内容。
　　3. 药剂要在无风或风小的天气状况下使用，并有专业的工作服和装备，不要把药剂沾到皮肤上。
① 因为很难在园艺店等处买到，所以可以在面向专业种植者的店铺或线上商店（有相关资质的店铺）购买。
② 仅用于桃展足蛾。

其他障碍

注意度 3：须注意预防，一旦发生，就要考虑喷药应对。
注意度 2：拖延不管会让问题更加严重，因此须尽早处理。
注意度 1：如果不严重就不必特别在意。

烧叶、日灼果 →参考第 59 页

当根部干燥或叶片、果实受到强烈的阳光直射时会发生此类病害。除浇足水外，还要让植株避免阳光直射。

风蚀

果实被枝条等击中受伤而引起的病害。台风过境后容易发生此类问题。虽然不必特别在意，但 6 月套袋可起到有效的预防作用。

放置位置

从春季到秋季，宜将盆栽放置在光照充足、通风良好、避雨的屋檐下。冬季除了寒冷地区之外，一般都会放在户外。需要根据季节和时间决定放置的位置。

春季到秋季的放置位置

向阳的地方

阳光直射的时间越长，植株生长就越好，结出的果实也会变得又大又甜，不容易出现病虫害。

通风的地方

通风良好除了能降低湿度外，还能减少病虫害。

避雨的屋檐下

许多致病的丝状菌（霉菌的一种）和细菌容易因植株被水浸湿或湿度升高而滋生、繁殖。因此，盆栽放在雨水能淋到的地方就容易发生病虫害，所以最好放在不被雨淋的屋檐下，并且要确保此处每天最少能有 3 小时左右的阳光直射。

如果不能经常放在屋檐下，也可以只在雨水多的梅雨期搬到屋檐下，这样果实软腐病和炭疽病等病害的发病率就会大大降低。在梅雨期前的 5 月，人工授粉时如果弄湿了花朵，授粉就会失败，导致坐果量少，所以在进行人工授粉的前后 3 天要把盆栽放在屋檐下避雨。

春季到秋季理想的盆栽放置位置

最好是向阳、通风好、避雨的屋檐下。

冬季的放置位置

不受光照和通风的影响

冬季植株会落叶，所以植株基本不受光照和通风的影响。

放在温暖的地方会导致植株得睡眠症

因为猕猴桃植株一般能忍耐的最低温度为 -7℃ 左右，所以除了寒冷地区，猕猴桃基本上能在户外过冬。

在寒冷地区，需要把植株移到不低于 -7℃ 的地方栽培，但如果把植株经常放在 7℃ 以上的温暖地方，如有暖气的室内，猕猴桃的枝条就不会休眠。于是，即使第 2 年春季天气回暖，也难以萌芽，开花数和坐果数还会锐减，这种病症就叫作睡眠症。为了防止植株得睡眠症，需要把它放在低于 7℃ 的地方。

浇水

庭栽基本上是不需要浇水的，但在夏季，如果没有降雨或植株根系状态不好的情况下，就需要浇水。盆栽的情况下，植株的根量较少，所以夏季每天都需要浇水。

观察叶片和果实的状态

如果在栽种的时候好好地培土并保持良好的排水状态，植株的根部就能长开，也就比较耐干燥。但是，如果在排水不好的地方种植，即使是庭栽，树根也会集中在植株附近，干燥会使植株受到损伤。夏季出现的烧叶和日灼果（参考第59页）就是植株受损的信号，一旦发现就要及时浇水。

盆栽植株的根，粗根比例较多。

庭栽浇水

秋季到第2年春季一般都不需要浇水，只有7~9月的夏季要注意。如果发生烧叶等情况或有14天左右没有降雨，则需在以植株为中心的树冠范围内（参考第95页）浇足水。

盆栽浇水

盆土表面变干的情况下要浇足水

盆栽时，植株根部的生长范围有限，不管排水等土壤条件如何，根部一旦变干燥，植株就会马上枯萎。所以发现盆土表面变干后，就要浇足水，在植株适应盆栽之前，春、秋季以每2~3天浇1次为宜，夏季以每天浇1次为宜，冬季以每5~7天浇1次为宜。

朝着植株基部浇水

正如第92页所述的那样，水溅到植株上，植株就容易发生病害，所以浇水时要对着植株的基部而不是枝叶和果实浇灌。不过，在晴天植株快干透或是需要冲洗叶片上的害虫和灰尘时这样浇水是没有问题的。

水不能浇在枝叶和果实上，而是要浇在植株基部。

施肥

参考下表内容进行施肥。施肥量过多不仅会让新梢徒长，还会损伤植株。

施肥时期

如果一次性施用大量的肥料，植株根部会受损，新梢可能会枯萎（肥烧）。另外，如果施肥方法不当，受雨水等因素的影响，大部分肥料还没来得及被植株吸收就白白流到根部的范围之外。

因此，下面将介绍在庭栽和盆栽中，每年2月、6月和11月分3次给猕猴桃植株施肥的方法（下表）。但因为盆栽容易流失肥料，所以在保持全年施肥总量的前提下，还可以细分为2月、4月、6月、7月、11月，一年总计给盆栽施肥5次。

三元素及其比例

在肥料中起到重要作用的三元素是氮、磷、钾。猕猴桃植株对三元素所需的比例几乎是一样的，所以在市面上的家用肥料中，如果选择氮、磷、钾含量均为8%的复合肥，则施肥的效率就能提高，并且无须自行混合多种肥料。

在三元素中，施用过多的氮肥不仅会使果实的含糖量降低，而且还容易引发病害，因此不建议对猕猴桃植株施用氮比例较高的肥料。

不同栽培方式下的肥料施用

施肥时期	肥料的种类[1]	盆栽			庭栽		
		花盆的大小（号数）			树冠的直径		
		8号	10号	15号	不足1米	2米	3米
2月 春肥（基肥）	油渣	20克	30克	60克	130克	520克	1170克
6月 夏肥（追肥）	复合肥	10克	15克	30克	30克	120克	270克
11月 秋肥（礼肥）	复合肥	8克	12克	24克	25克	100克	225克

注：施肥量没有必要去称量，一般一把为30克，一撮为3克。

[1] 油渣中如果有其他有机肥料掺入会更好，复合肥中氮、磷、钾的含量均为8%。

肥料的种类

如果能遵守上述内容，肥料的选择就不成问题了，但是在被称为基肥的春肥（2月）中，除了必不可少的三元素和微量元素外，还需要能改善土壤物理性的松软肥料。本书介绍了有机肥料中臭味少、容易操作的油渣的施用方法。但如果只用油渣，氮比例就会偏高一些，所以建议使用含有骨粉等成分的油渣。夏肥（6月）和秋肥（11月）使用复合肥（氮、磷、钾含量均为8%）即可。

施肥量

施肥量要根据植株的大小来进行调整。盆栽的以花盆的大小（号数）为依据，庭栽的以右下图的树冠直径为依据，然后参考第94页的表格施肥即可。从肥料的比例来说，春肥（2月）约占施肥总量的40%，夏肥（6月）和秋肥（11月）分别约占30%。

但是，第94页的表只是一个参考用量。由于植株所需的施肥量因品种和土壤状态等而有所不同，因此在观察植株的生长状况的同时，需要将施肥量调整到与培育的植株相匹配的量。肥料不足时叶片颜色变浅；过剩时徒长枝生长茂盛，采收的果实糖度下降。

施肥的场所

盆栽

在整个盆土表面上均匀施肥，使肥料分布到整个盆中。不要只偏向于植株基部或盆沿处，也不需要像庭院栽培那样将肥料埋入土内。

花盆直径
（号数，1号按直径约为3厘米计算）

如果肥料只集中施在盆沿处，则容易造成肥烧和肥料流失，所以要在整个盆土表面上施肥。

庭栽

施肥量参考下图树冠直径的大小，需在此范围内施肥。全背式栽培时，施肥量虽然以树冠直径为依据，但施肥的范围要以树根为中心，没有棚架的一侧也要施肥。浇水（参考第93页）也是如此。

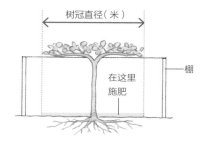

树冠直径（米）

在这里施肥

棚

施肥后，使用锄头等工具轻轻翻松土壤，有助于土壤吸收肥料中的养分，改善排水。

Original Japanese title: NHK SYUMI NO ENGEI 12 KAGETSU SAIBAI NAVI
17 KIWIFRUIT

Copyright © 2021 Miwa Masayuki

Original Japanese edition published by NHK Publishing, Inc.

Simplified Chinese translation rights arranged with NHK Publishing, Inc.through The
English Agency (Japan) Ltd. and Shanghai To-Asia Culture Co., Ltd

This edition is authorized for sale in the Chinese mainland (excluding Hong Kong
SAR, Macao SAR and Taiwan)

此版本仅限在中国大陆地区（不包括香港、澳门特别行政区及台湾地区）销
售。未经出版者书面许可，不得以任何方式抄袭、复制或节录本书中的任何部分。

北京市版权局著作权合同登记　图字：01-2022-4628号。

图书在版编目（CIP）数据

图解猕猴桃整形修剪与栽培月历 /（日）三轮正幸著；
张文慧译. -- 北京：机械工业出版社，2024.7.
（NHK园艺指南）. -- ISBN 978-7-111-76223-2

Ⅰ. S663.4-64

中国国家版本馆CIP数据核字第2024H99K98号

机械工业出版社（北京市百万庄大街22号　邮政编码100037）
策划编辑：高　伟　周晓伟　　责任编辑：高　伟　周晓伟　刘　源
责任校对：曹若菲　薄萌钰　　责任印制：单爱军
保定市中画美凯印刷有限公司印刷
2024年9月第1版第1次印刷
145mm×210mm·3印张·112千字
标准书号：ISBN 978-7-111-76223-2
定价：35.00元

电话服务　　　　　　　　　　网络服务
客服电话：010-88361066　　机　工　官　网：www.cmpbook.com
　　　　　010-88379833　　机　工　官　博：weibo.com/cmp1952
　　　　　010-68326294　　金　书　网：www.golden-book.com
封底无防伪标均为盗版　　机工教育服务网：www.cmpedu.com

原书封面设计
冈本一宣设计事务所

原书正文设计
山内迦津子、林圣子
（山内浩史设计室）

封面摄影
Arsphoto

正文摄影
今井秀治、田中雅
也、福田稔

插图
江口明、鳕鱼子（人
物角色）

原书校对
安藤千江

原书协助编辑
高桥尚树

原书企划策划·编辑
向坂好生（NHK出
版）

协助取材、供图
折原果园、大冢果
园、柏濑公男、千叶
大学环境健康领域科
学中心、三轮正幸